“十四五”时期国家重点出版物出版专项规划项目
现代土木工程精品系列图书

生态系统服务与城市生态规划

ECOSYSTEM SERVICES AND URBAN ECOLOGICAL PLANNING

吴远翔　李朦朦　编著

内 容 简 介

生态系统服务(ecosystem service,ES)理论发端于生态学,近10年走出生态学领域,与大量学科进行交叉,现已成为地理学、经济学、管理学、林学等多学科的研究热点,在理论探索和实践案例分析方面都取得了较为丰硕的研究成果。本书尝试从城市生态规划的视角对生态系统服务理论做一个较为全面的介绍,内容包括:生态文明发展观下的城市生态规划、生态系统服务研究概述、生态系统服务的价值评估、生态系统生产总值核算、生态系统服务空间制图、生态系统服务的供需关系、生态系统服务需求测度、生态系统服务的权衡与协同、生态系统服务簇9部分内容。

本书可作为风景园林、城乡规划专业的本科生和硕士生修习生态规划课程的辅助教材和拓展阅读材料。对于在城乡生态规划一线工作的规划师、景观师或者政府管理人员,本书亦可作为快速上手、可借鉴性强的工具书和参考书。

图书在版编目(CIP)数据

生态系统服务与城市生态规划/吴远翔,李朦朦编著.—哈尔滨:哈尔滨工业大学出版社,2025.1.
(现代土木工程精品系列图书).—ISBN 978-7-5767-1751-8

Ⅰ.X32

中国国家版本馆CIP数据核字第2024GF4738号

策划编辑　王桂芝
责任编辑　赵凤娟　马　媛
出版发行　哈尔滨工业大学出版社
社　　址　哈尔滨市南岗区复华四道街10号　邮编150006
传　　真　0451-86414749
网　　址　http://hitpress.hit.edu.cn
印　　刷　辽宁新华印务有限公司
开　　本　787 mm×1 092 mm　1/16　印张9　字数220千字
版　　次　2025年1月第1版　2025年1月第1次印刷
书　　号　ISBN 978-7-5767-1751-8
定　　价　58.00元

前　言

在撰写本书之初的文献调研过程中，作者发现近年来以“生态系统服务”为主题的图书共计50余本，这给编写组带来了极大的压力。成书如何与已有的图书“划清界限”，并强化其“不可替代性”，成为摆在研究团队面前的重要问题。经过讨论，我们逐渐明确了学科属性、研究对象和知识体系3条论述主线。

1. 学科属性：风景园林与城乡规划

目前生态系统服务研究是城乡生态规划的研究热点，并受到行业内的广泛关注。本书作为风景园林学科的理论教材和城乡生态规划从业者的参考书，重点突出了风景园林和城乡规划的学科特征，从学科关注的问题视角来进行理论阐述，侧重生态学理论在学科工程实践中的应用与发展，这样就与当前大多数的生态系统服务类图书做出了明确的区分。

2. 研究对象：城市生态系统

目前大部分图书都以某一类型生态系统或者某一特定生态区域（以宏观的区域尺度居多）作为研究对象，来探讨生态系统服务的理论与方法。本书选取人工扰动强烈、人工特征突出的城市生态环境作为研究对象，所揭示的生态系统服务规律与方法都有其自身的特殊性。

3. 知识体系：更新迭代与全框架解读

当前的生态系统服务图书多以某一方向的理论介绍或者方法应用为主（以价值量化和服务分类方向的内容居多），而较少全面、系统地讲述所有方向的理论与方法。实际上，生态系统服务是个更新迭代非常快的研究领域，目前已经形成了包括价值评估、供需分析、服务簇等若干不同方向的全面研究。本书将覆盖领域内最新的研究成果，力图对领域内的知识体系进行全框架的解读。

作为一本可以快速上手的工具书，本书突出了以下特色。

（1）特色一——价值取向：实践指引的工具书。

本书的初衷是为城乡生态规划的从业者提供使用指引，不是大部头的系统理论讲解。本书的价值取向是能用、实用、好用。本书覆盖了实践中出现的重要问题，并扮演了百科工具书的角色，提供了有借鉴价值的参考。

（2）特色二——文字表达：信息时代的精练表述。

我们处于一个信息爆炸的时代，信息并不稀缺，稀缺的是人们对于信息的关注度。为避免低效、冗余的信息占用读者的宝贵时间，本书采用了精练、简洁的文字表达方式，直接传达最核心的有价值的信息，保证读者的方便、快速阅读。

(3)特色三——专业特征:读图时代的形象化图表。

从风景园林和城乡规划的专业特点来看,其强调生态系统服务的空间属性和数据时空分析方面的研究。空间制图、数据分析图、规划管控图是城市生态规划的主体内容。在当今读图时代,读者更偏好形象生动、界面友好的图表。本书结合专业特点,尽可能多地选择图表的形式来表达内容。

(4)特色四——研究案例:复合信息的高效载体。

在当前的生态系统服务研究领域中,理论探索和实践应用两个方面都取得了较为丰硕的成果。本书将研究案例作为重要内容,主要有以下两方面考虑:一是经典案例与优秀案例可以有效指导行业实践;二是案例作为一个复合信息载体,可以同时传达问题分析、理论依据、解决方案、成果表达等多方面内容,高效而精练。

特别感谢国家自然科学基金委员会对于本书的课题资助(课题号 52078160,项目名称“城市绿色基础设施的生态系统服务供需影响机制与空间优化途径研究——以东北地区为例”)。在国家自然科学基金的资助下,研究团队对城市生态系统服务方向进行了较为全面、系统的科研探索,并完成了书中列举的一系列案例研究。

同时,感谢哈尔滨工业大学高水平研究生教材的资助计划,学校的积极扶持对于工作在教学、研究一线的教师而言,是一种巨大的激励。

最后要感谢研究团队的陆明、吴冰、孙适老师,以及硕士生潘晓钰、金华、孔令骁、张纪鹏(第七章“生态系统服务需求测度”部分内容)、曲可晴(第六章“生态系统服务的供需关系”)、迟毓琪、孟欣宇(第二章“生态系统服务研究概述”,第九章“生态系统服务簇”)、赖燚(第三章“生态系统服务的价值评估”,第七章“生态系统服务需求测度”部分内容)、张名凤(第五章“生态系统服务空间制图”)、崔博艺(第四章“生态生产总值核算”),博士生潘宥承(第八章“生态系统服务的权衡与协同”)、孟德惠(每一章节的案例研究)、李婷婷,他们不仅贡献了核心的研究内容,也使得我们的研究团队始终像一个大家庭,相互支撑、协作前行,在学术的道路上共同进步。

由于作者水平有限,书中疏漏之处在所难免,恳请学者及读者批评指正。

作　者

2024 年 10 月

目　　录

第一章　生态文明发展观下的城市生态规划

第一节　城市生态规划的时代发展背景

本书从风景园林与城乡规划学科的视角切入，以改善城市生态环境为目标，来探讨生态系统服务的理论与方法，以期更好地为城市生态规划和生态评估管理服务。

本章主要探讨城市生态规划的时代发展背景。通过对我国当前生态环境发展现状与危机、宏观层面的国家政策、城市规划体制改革的介绍与解读，可以让我们以更宽广的视野、更长远的眼光来了解城市生态规划的时代背景和现实需求，理解生态系统服务理论为风景园林学科发展提供的历史机遇，思考在新国土空间规划体系下如何更好地发挥自身的优势，为新时代生态文明建设提供更有效的技术支撑。

本章的背景介绍可以明晰以下 3 方面问题。

(1)学科发展的前沿方向。

生态系统服务理论目前是生态学、地理学、城乡规划学、风景园林等多学科共同关注的热点和研究前沿，但各个学科在对生态系统服务的研究中都有各自的研究视角和侧重点。风景园林和城乡规划学科都是应用学科，即以基础理论应用、指导实践发展为核心的学科，比较侧重工程实践与一线实操，强调对基础理论更有效、更准确地实践应用，保证理论转化成实践成果的可靠性。

学科发展与国情发展现状、国家重大需求紧密相连。因此，国家的上层政策导向、国情判断分析、重点攻关项目对于学科的未来发展而言，就像暗夜里的指路航标灯，标识着前进的方向。

放在时代发展与国家需求的大背景下，可以判断出学科发展的脉络与框架，学科如果能为国家发展提供理论支持，说明学科本身是含金量高的学科；如果无法为祖国强盛做出贡献，则说明学科已经故步自封，跟不上时代前进的节拍。事实上，国务院学位委员会、教育部印发《研究生教育学科专业目录(2022 年)》已经给我们敲响了警钟，风景园林学科的专业目录调整说明了学科发展还没有完全站在国家需求的前沿，针对国家“生态文明建设”这一迫切目标还缺乏足够的贡献度。

(2)生态文明的呼唤。

生态环境问题是当前我国乃至全球关注的热点，生态的未来走向一定程度上决定了国家的未来发展。生态挑战异常严峻和生态治理的体系化转变是当前我国生态国情的两个核心内容。原来的治污排废的模式已经无法应对当前日益尖锐的生态问题，生态的体系化治理已成为必然选择，生态文明建设的本质就是系统化、全方位的生态管、防、治。

生态系统服务理论作为一个受到高度关注的生态学理论，在我国的生态文明建设这个大“棋盘”上如何谋划发展,如何转化基础理论研究成果,为城市生态环境的改善做出贡献,都将在本书中做出探索与讨论。

(3)城乡规划新体系的要求。

党的十九大以后,国家的城乡规划体系发生了重大的、本质性的变革。原有的国家发展改革委主导的国土功能区划、国土资源部主导的土地规划、住房城乡建设部主导的城乡规划、环境保护部主导的环境规划等“多规”进行了“合一”,统一由新成立的自然资源部推行国土空间规划来替代。在新的规划体系下,生态管控的内容有了明确的规定和要求;生态规划的地位也大大提高,成为强制条文的重要组成部分。

与原来的规划体系相比,国土空间规划要求生态规划的内容更科学化、系统化,空间的管控有明确的生态量化分析技术手段,并强化生态功能对社会、经济发展的支撑作用。生态系统服务理论作为生态功能绩效量化的研究,跨越自然生态和人类发展两个领域,在新时期国土空间规划的评估、决策、管理、空间制图、生态分析等方面都有着广泛的应用前景。

第二节　生态文明的顶层文件:国家发展战略与政策解读

本书主要介绍两类国家上层政策文件:一类是引导中国未来发展的方向性、纲领性的党的报告(包括党的十八大、十九大、二十大报告)。党的历次报告揭示了当前我国主要矛盾、整体发展方针策略、全局战略构想,我们要在这个全局发展的背景下理解生态建设的意义和定位。另一类是国家的“十四五”规划文件,明确阐述各行各业近5年(2021—2025年)的工作任务和绩效指标、重点突破方向、关键项目与关键目标,在这个行业发展体系下了解生态建设的当前任务。

1. 整体战略

从中共中央的大会报告中可以明确看到在国家总体的战略层面上生态文明的发展脉络。

(1)党的十八大将“生态文明”纳入“五位一体”的基本国策。

我国的基本国策,从党的十一届三中全会以来,经历了“两手抓、两手硬”(物质文明和精神文明)、“三位一体”(社会主义道路、理论、制度)、“四位一体”(经济、政治、文化、社会)的一系列丰富和发展,到了2012年,党的十八大正式将“生态文明”纳入了“五位一体”(经济、政治、文化、社会、生态)的基本国策,明确了生态建设的重要地位,并在其后的党的十九大、二十大报告中,都有专门的独立篇章来阐述生态文明建设的方向和政策。

(2)生态观的战略转变:从“污染治理”到“标本兼治”。

党的十八大召开后,生态文明上升为国策,背后逻辑是生态观的战略性转变。党的十八大以前,生态问题就已经引起党和国家的高度重视,并在2007年党的十七大报告中有所体现。当时由环境保护部负责主抓,重点是水、空气、土壤、固体废弃物几个方面的“治污”。经过几年实践,人们的生态观发生了重大转变,即污染治理只是“治标”,要根本解决问题必须“标本兼治”;生态建设是个系统工程,环境保护部的污染治理只是一个组成部分,还需要协同国家发展改革委、国土资源部、水利部、农业部、住房和城乡建设部等多部委共同发力，才能解决。因此，党的十八大将生态文明从部委主抓升级为国务院牵头、各部委协调的国家级发展方略。

(3)政策导向：绿色发展、生态保护、制度建设。

从2012年党的十八大到2022年党的二十大，10年的生态文明建设历程，我们可以看到生态文明的内涵一步步深化，政策指引不断调整。概括来看，国家政策的重点关注方向主要集中在3个方面：经济发展方式的绿色转型，以从根本上解决我国发展的资源矛盾；空间策略上以生态保护为核心，以拯救我国正面临严重威胁的核心生态资源；制度建设先行，有了顶层制度框架，才可以为生态文明建设的全面展开保驾护航。

(4)我国生态文明建设的发展脉络。

梳理历届中共中央大会报告的内容，可以看出我国生态文明建设的发展脉络。党的十八大之前，国家已经意识到生态环境的重要性，并做了积极的治理尝试，提出了工作目标和改造重点。但真正将生态文明上升到“五位一体”的国策高度，并制定了全面、完整的实施框架，还是在党的十八大报告中，因此党的十八大是建立基础框架的大会，是划时代的大会。在党的十八大提出的全新的生态建设框架的基础上，党的十九大重点解决了新框架中最重要、最基础的问题——制度建设，纲举目张，为后续工作的开展从根本上扫清障碍。随着国际、国内形势的变化，党的二十大提出了生态建设的一个重要发展战略——“碳达峰、碳中和”，即“双碳”目标。

2. 近期目标

《中华人民共和国国民经济和社会发展第十四个五年规划和2035年远景目标纲要》(以下简称《十四五规划》)共19篇65章，全面阐述了各行各业在5年期间的发展目标和发展重点。在《十四五规划》中，生态文明是国家战略体系的一个重要组成部分，单独成篇(第11篇)；另外，在第8篇“完善新型城镇化战略 提升城镇化发展质量”中，也提到了城市生态改进的方向和手段。

(1)生态文明的总体框架。

《十四五规划》的第11篇“推动绿色发展 促进人与自然和谐共生”给出了生态文明建设的总体框架，即3个重要组成部分：

首先是第37章“提升生态系统质量和稳定性”，这部分工作主要由自然资源部负责，内容包括：①完善生态安全屏障体系：推进落实“三区三线”(“三区”是指城镇空间、农业空间、生态空间；“三线”分别对应城镇开发边界、永久基本农田保护红线、生态保护红线3条控制线)，实施重要生态系统保护和修复重大工程；②构建自然保护地体系：科学划定自然保护地保护范围及功能分区，加快整合归并优化各类保护地，构建以国家公园为主体、自然保护区为基础、各类自然公园为补充的自然保护地体系；③健全生态保护补偿机制：提出当前制度建设中最迫切的保护制度和补偿制度的内容。

其次是第38章“持续改进环境质量”，谈的主要是污染治理，提出：源头防治、综合施策，强化多污染物协同控制和区域协同治理，由生态环境部负责组织实施。

最后是第39章“加快发展方式绿色转型”，主要包括资源节约、产业结构的绿色转型、发展循环经济等方面内容，主要由国家发展改革委协调组织实施。

(2)城市生态:宜居宜业的品质提升。

在第8篇"完善新型城镇化战略 提升城镇化发展质量"中,从"全面提升城市品质"(第29章)的视角提出城市生态改善的目标与重点:增加城市绿化节点和公共开敞空间,加快推进城市更新,提升存量片区功能;在"新型城镇化"建设中,科学规划布局城市绿环绿廊绿楔绿道,推进生态修复和功能完善工程。

第三节 生态文明的实施路径

从2012年至今,经过10多年的不断探索、反馈与调整,我国生态文明建设之路已基本明晰。本节对生态文明的发展纲领、核心内容、实施重点等内容进行展开介绍。

1. 发展纲领:《中共中央 国务院关于加快推进生态文明建设的意见》

在党的十八大提出的生态文明建设的总体战略指导下,中共中央、国务院出台了《中共中央 国务院关于加快推进生态文明建设的意见》(以下简称《意见》)。这个文件是生态文明建设的纲领性文件,全面阐述了生态文明的目标、原则、手段,是后续一系列生态文明政策的指导性文件。

2. 生态文明的四大支柱:绿色发展、生态保护、污染治理、制度建设

《意见》指出,以下4个方面是生态文明建设的主体内容。

(1)绿色发展。

绿色发展是指生产方式绿色化,建构科技含量高、资源消耗低、环境污染少的产业结构,是生态文明建设的深层次、根本性、决定性、长远性的因素。如果说污染治理是"治标",发展方式的绿色转型就是"治本",是从根本上解决经济发展与环境资源之间的矛盾。

同时,绿色发展也包括节能减排、发展循环经济、资源节约等方面的内容。

(2)生态保护。

从当前我国的发展国情来看,现有生态资源正面临着极大的威胁,而这些生态资源对于国计民生而言有极为重大的价值,因此保护生态资源不要继续被破坏迫在眉睫。

生态保护包括保护和修复自然生态系统,建设区域生态安全屏障。生态保护的基本手段是生态红线区的划定和保护。

(3)污染治理。

各种污染物是生态环境恶化的直接因素,治理污染就是生态改善的"治标"。各级环保部门这些年的环境污染治理取得了重大成效,避免了生态的持续恶化。污染治理目前仍是生态文明建设的重要组成部分。

(4)制度建设。

生态环境主要涉及公共利益和长远利益,有着很强的公共物品特征,如果交给自由竞争的市场将导致市场失灵。公共物品管理的最有效的措施就是制度建设。制度是保障生态文明建设顺利开展的最有力的支撑。

3. 体制改革:八大制度为核心的制度体系

建设推进,制度先行。有了明确的上层制度指引,改革方向才会清晰,建设重点、实施管理才能得到切实的保障和贯彻。自从国家把生态治理提上重大日程以来,污染防治、生态保护和绿色发展转型一直在不断地探索推进。2015 年中共中央、国务院印发《生态文明体制改革总体方案》,确定了制度建设的目标、方向和内容。

《生态文明体制改革总体方案》确定了八大制度:自然资源资产产权制度、国土空间开发保护制度、空间规划体系、资源总量管理和全面节约制度、资源有偿使用和生态补偿制度、环境治理体系、环境治理和生态保护市场体系、生态文明绩效评价考核和责任追究制度。

从这八大制度来看,自然资源资产产权制度是所有制度体系的基础,是最底层的基础性制度,所有权是最终决定使用权、管理权等上层权限的。国土空间开发保护制度、资源有偿使用和生态补偿制度是生态保护方面的核心保障,环境治理体系是污染治理的制度保障,资源总量管理和全面节约制度是绿色发展转型的制度保障,这 4 套制度是生态制度的核心重要内容。空间规划体系明确了生态文明发展的实施途径——以空间管控为主要手段。环境治理和生态保护市场体系、生态文明绩效评价考核和责任追究制度是保障与推广实施生态文明的根本制度。

2018 年,第十三届全国人民代表大会第一次会议举行第四次全体会议,组建成立了自然资源部,来统一对原来分属各个部委的多类、多个规划进行协同与合并,完成"多规合一",由"合一"后的自然资源部来完成空间管控的治理。未来发展定位和空间体系的实施与管控是生态文明建设的核心内容,其实现主要是通过国土空间规划体系来完成的。

(1)国土空间规划编制指南。

自然资源部办公厅 2020 年印发的《省级国土空间规划编制指南(试行)》中,"3.2.2 生态空间"提出:"改善陆海生态系统、流域水系网络的系统性、整体性和连通性,明确生态屏障、生态廊道和生态系统保护格局""优先保护以自然保护地体系为主的生态空间"。

"3.5 生态修复和国土综合整治"提出:"按照自然修复为主、人工修复为辅的原则,以国土空间开发保护格局为依据,针对省域生态功能退化、生物多样性降低、用地效率低下、国土空间品质不高等问题区域……提出修复和整治目标、重点区域、重大工程。"

在自然资源部办公厅印发的《市级国土空间总体规划编制指南(试行)》中,"3.5 完善公共空间和公共服务功能,营造健康、舒适、便利的人居环境"提出:

结合市域生态网络,完善蓝绿开敞空间系统,为市民创造更多接触大自然的机会。确定结构性绿地、城乡绿道、市级公园等重要绿地以及重要水体的控制范围,划定中心城区的绿线、蓝线,并提出控制要求。

在中心城区提出通风廊道、隔离绿地、绿道系统等布局和控制要求。确定中心城区绿地与开敞空间的总量、人均用地面积和覆盖率指标,并着重提出包括社区公园、口袋公园在内的各类绿地均衡布局的规划要求。

(2)区域尺度:以生态安全为核心、以生态保护为重点。

对于区域尺度的生态规划,《市级国土空间总体规划编制指南(试行)》给出了明确的目标与要求。

①价值次序:安全第一,功能第二,自然恢复为主导手段。

按照价值重要性来排序,生态规划首先要考虑的就是保障生态安全,建设稳定、可靠的区域生态安全屏障。其次是保障生态功能,维护生态系统的正常工作运转。在过去的生态建设工作中,用了比较多的人工干预手段,造价比较高,而且有时效率又比较低;目前倡导以自然恢复为主导手段来进行生态改造与建设,让自然做工,事半功倍。

②两大重点:保护优先,修复其次,以功能强化为核心目标。

在生态规划的体系内,生态保护是最主要的工作任务,其重要性比生态修复和生态建设要大得多。在当前国家的生态空间战略中,生态保护始终是第一位的,是重中之重。近年来,随着生态保护工作的不断推进和完善,生态修复也逐渐纳入工作日程。生态保护最核心的手段是生态红线制度,即划定地区发展的生态安全底线,对生态核心资源进行无条件的保护。

生态保护和生态修复的目的是维持生态系统处于一种正常、健康的状态,从而可以提供多样化的生态产品,以维持人类社会正常运转。强化生态职能,提高生态系统服务供给能力是生态保护和生态修复的核心目标。

(3)城市尺度:思维定式的转变。

与原来的城乡规划体系相比,新的国土空间规划体系不仅提高并强化了城市生态空间管控的地位和重要性,还扩展了生态管控的对象——原有城乡规划体系主要针对城市绿地进行空间管控,国土空间规划体系强调绿地和水体,即蓝绿空间都要管控;改进了管控思路——原有城乡规划体系主要管控绿地的数量与边界,国土空间规划体系强调诸多水体单元相互影响与协同,构成了绿地网络和水体网络,以整体观来看待生态系统。

目前国土空间规划体系没有对城市生态提出更详尽、更具体的管控目标与要求。作者认为,新体系下城市生态规划需要进行思维模式的根本性转变,才能适应国家生态文明的发展战略和国土空间规划体系的管控定位。具体而言,需要完成以下 3 个思维转变。

①从“补丁”思维转向“统筹”思维,优化生态空间格局。

传统规划体系下,绿地系统规划是城市总体规划完成后的专项规划。在总体规划完成以后,城市用地布局的骨架已经确定,绿地系统规划作为专项规划,在发现生态用地布局不合理的情况下,也无法对整体布局做出重大调整,类似总体规划的“补丁”规划。

国土空间规划背景下,生态文明建设优先强调规划编制要突出生态空间格局系统、和谐的发展要求,即以“统筹”思维,从整体生态格局的视角出发,构建完整、连续的生态网络体系,从根本上解决生态空间格局优化的问题。

②从“面积数量”思维转向“功能质量”思维,提升生态服务能力。

原有的城市绿地规划以绿地数量(绿地面积、绿化率、公园绿地人均面积等)为核心指标,对绿地进行空间管控。但是随着经济社会发展,城乡居民对生态空间供给“优质生态产品”的渴求日趋强烈,因此国土空间规划将“供给优质生态产品”作为生态空间类规划的重要导向,使生态空间成为实现“人民对美好生活的向往”的重要阵地。规划思维重心从“面积数量”管理到“功能质量”提升的转变,有助于真正改善生态环境和人居环境质量。质量提升的本质是强化、提高城市生态系统服务能力。

③从“供给导向”思维转向“需求导向”思维，强化生态建设有的放矢。

传统的城市绿地规划本质上是一种“供给导向”的规划思路，即按照城市用地分类标准，或者《国家园林城乡系列标准》等，统计当前城市的绿地情况，即当前的生态用地供给情况，然后根据评价标准确定生态供给规划目标，并根据生态供给规划目标制订规划方案。“供给导向”思维的不足之处在于忽略了城市发展的个性化需求及城市自身的生态问题。如果从“需求导向”思维出发，首先确定城市的生态短板与生态急需，基于此制订的规划设计方案，会更好地契合城市的个性化发展。生态系统服务供需研究可以为城市需求的测算提供系统的技术支撑。

本章参考文献

[1]张兵，赵星烁，胡若函. 国家空间治理与风景园林：国土空间规划开展之际的点滴思考[J]. 中国园林，2021，37(2)：6-11.

[2]吴岩，王忠杰，杨玲，等. 中国生态空间类规划的回顾、反思与展望：基于国土空间规划体系的背景[J]. 中国园林，2020，36(2)：29-34.

第二章　生态系统服务研究概述

第一节　时代背景与研究历程

一、时代发展下的生态系统服务

1. 从石器时代到信息时代:生态系统服务的历史变迁

生态系统服务研究的最终目的是探索人与自然之间的关系。随着人口增长与生产方式的转变,人类经济活动对生态系统的利用方式也发生着重大的变化。从一定程度上说,生态系统服务的供给数量和供给类型决定了该地区人类发展的水平。

(1)新旧石器时期:人类主要通过采集、狩猎等方式获取生存所需要的基本物质,对生态系统的依赖性较强。这个时期人类获取的生态系统服务总量比较低,类型也比较少,主要是淡水、野生果实、鸟兽等基础生活物资,以供给类服务为主。

(2)农耕文明时期:人类对自然生态系统的依赖开始减弱,逐渐出现了毁林造田、圈养牲畜等利用生态系统生产生活所需要的物资的行为。随着人口数量的不断上升,生态系统服务的消费总量快速增加,服务类型仍以供给服务(食物、水等基础生存资料供给)为主,满足人类的基本生存需求。

(3)工业文明时期:化学化、机械化等有机与无机共同循环的生产模式替代了传统完全依赖有机质循环的生产模式。生产力水平显著提升,同时也对生态系统施加了更多的负担,导致生态系统平衡遭到破坏;耕地锐减、水资源短缺、土地沙化、草场退化等问题频发,近60%的已知生态系统服务发生了退化。工业革命以后人类对生态系统服务的利用发生了两个重大变化,其一是随着人口数量的激增,生态系统服务消耗总量急剧攀升;其二是人类生产方式的转变,导致了对生态资源、生态服务的多类型、复合性使用。

(4)信息文明时期:信息时代高密度城市集聚区的出现和社会文化的不断发展,使得调节服务、支持服务和文化服务提升到了与供给服务同等重要的地位,生态需求总量基本接近地区生态供给的上限。进入21世纪,在由工业文明向信息文明过渡时孕育了生态文明。生态文明以生态文化为价值取向、以工业文明为基础、以信息文明为手段,指导思想从人类中心论的发展观,调整到人与自然相互协同发展思路上来,从根本上确保当代人类发展不损害后代发展的权利。在此思想的指引下,生态系统与社会系统的空间耦合程度不断改善,人类社会发展目标与自然保护目标实现了相互融入。

综上,人类从依赖生态系统到摆脱生态系统、替代生态系统,再到融入生态系统。随之,生态系统服务的主要功能也由提供食物、得到庇护向享用服务转变。在此发展趋势下,生态系统服务的稀缺性及价值提升凸显。尽管现阶段人们已经意识到生态系统的重要性，但如何对其重要性进行准确表达与量化、如何将生态系统与社会系统的关系进行准确表达是需要解决的重要问题。

2. 中国的环境危机

中国的生态环境当前面临着严峻的考验，生态保护和生态资源合理开发利用对于未来中国发展现实意义重大，也对生态系统服务的研究提出了更为迫切、更为复杂的要求。

过往的经济发展方式伴随着对生态环境的破坏，使得中国的生态环境问题更加突出；中国人口众多，人地矛盾加剧，给本就脆弱的生态环境带来了更大的压力。总体来说，中国生态环境脆弱区面积占国土面积的60%以上，全国森林与草地质量低下，生态系统质量为低等级与差等级的面积分别占总面积的43.7%和68.2%；质量为优等级的面积仅占森林与草地生态系统总面积的5.8%和5.4%。局部地区生态系统质量仍在下降，如有17.6%的森林与34.7%的草地生态系统质量均有不同程度的下降。同时，土地退化、生态系统人工化加剧、流域生态破坏严重、城镇扩张失控等问题凸显。

为应对日益严峻的环境污染、资源短缺、生态破坏等问题，党的十八大以来，以习近平同志为核心的党中央把生态文明建设摆在"五位一体"总体布局的重要位置。在协同推进人民富裕、国家强盛、中国美丽的进程中，提出了关于生态文明建设的一系列新理念新思想新战略，形成了习近平生态文明思想，进一步完善了生态文明制度体系，为新时代中国特色社会主义生态文明建设提供了根本遵循。

21世纪初，人类既面临着过往发展方式带来的问题与挑战，也面临着新发展方式和新发展理念带来的巨大机遇。在此背景下，以生态科学为核心的静态系统观的研究范式难以满足实践发展的现实要求，因此迫切需要探索以生态-社会交叉学科为基础的动态系统观的研究方法论。生态系统服务研究长期以来备受学界关注并取得了丰硕的成果，是探索人类社会系统、自然生态系统融合发展的关键途径，而生态系统服务的相关研究也因此被赋予了重要的理论意义和现实意义。

二、研究历程

从20世纪60年代提出概念到现在的几十年时间里，生态系统服务的研究经历了从无到有、多学科渗透的迅猛发展，发展历程可分为以下4个阶段。

1. 第一阶段：萌芽草创，初步认识（20世纪60年代至1996年）

1969年，"环境服务"这一概念首次出现在Helliwell的文章中。1981年，Ehrlich等在研究中正式提出了"生态系统服务"这一术语。

20世纪90年代，随着相关研究的不断推进，生态系统服务的方法扩展到专业学术界之外。一个重要的标志是1992年《生物多样性公约》（*Convention on Biological Diversity*）通过部分认可生态系统服务方法，将生态系统服务从理论转化为政策。

2. 第二阶段：开疆拓土，独立发展（1997—2004年）

1997年是生态系统服务研究划时代的一年，这一年产生了2个重磅学术成果——Daily的专著与Costanza的论文，奠定了生态系统服务的研究基础，使得生态系统服务研究拥有了自己的理论基础和研究方法，成长为一个独立的生态学研究领域。通常，

Costanza 的论文被视为生态系统服务研究的一个里程碑。

Daily 在 1997 年主撰的专著 *Nature's services: societal dependence on natural ecosystems* 中比较系统地介绍了生态系统服务功能的概念、研究简史、服务价值评估、不同生物系统的服务功能以及区域生态系统服务功能等专题研究成果。这本书增强了人类对周围自然系统价值的理解，并且鼓励人们关注与保护地球的基本生命保障系统。

同年，Costanza 在 *Nature* 发表的论文 *The value of the world's ecosystem services and natural capital* 中，将全球地面覆盖划分为 16 个基本生物群区，以及 17 个生态系统服务类型，在 100 余篇文献的基础上，计算出单位面积的经济产值，再乘以各群区的面积，得出各生物群区对各项服务类型的贡献。计算结果显示，这些服务的年价值为 16 万亿 ~ 54 万亿美元，平均估计为 33 万亿美元，是当年全球国民生产总值的 1.8 倍。此数据被公认为是生态系统服务领域研究的里程碑。这一重要研究使人们认识到公共环境资源，如清洁的水、生物资源等是有限的，同时也是有价值的，使人们认识到了生态环境提供的公众产品的价值及其重要性。

3. 第三阶段：多学科推进，拓展应用（2005—2012 年）

进入 21 世纪，生态系统服务相关研究的内容与主题逐渐丰富。随着研究程度的不断加深，生态系统服务开始走出生态学领域，向其他地理学、管理学等多个学科进行扩展和渗透。

2005 年的联合国千年生态系统评估（Millennium Ecosystem Assessment, MEA）是生态系统服务领域发展的又一个里程碑。该项目的目标是评估生态系统变化对人类福祉所造成的影响，探讨采取行动来改善生态系统以达到可持续性利用，从而为促进人类福祉奠定科学基础。全世界 1 360 多名专家参与了 MEA 工作，对全世界生态系统及其提供的服务功能的状况与趋势进行了最新的科学评估，并提出了恢复、保护或改善生态系统可持续利用状况的各种对策。MEA 的评估工作主要包括：第一，生态系统服务如何影响人类福利；第二，生态系统的未来变化可能给人类带来什么影响；第三，人类应采取哪些对策改善生态系统的管理，进而提高人类福利和消除贫困。MEA 所提出的生态系统服务研究框架体系受到广泛认可和接受，并沿用至今。同时，MEA 推动了生态系统服务和现实决策的结合，在 MEA 之后，生态系统服务被纳入多个国际环境政策中。纳入生态系统服务方法的国际倡议见表 2.1。

表 2.1　纳入生态系统服务方法的国际倡议

项目	主要负责机构	目标
千年生态系统评估（Millennium Ecosystem Assessment, MEA）	联合国环境规划署（UNEP）、生物多样性公约（CBD）	从全球到地方评估生态系统变化及其对人类福祉的影响
生态系统和生物多样性经济学（The Economics of Ecosystems and Biodiversity, TEEB）	联合国环境规划署（UNEP），环境、食品与农村事务处（DEFRA）	关注生物多样性的全球经济效益，并强调生物多样性损失的日益增加的代价

续表2.1

项目	主要负责机构	目标
生物多样性和生态系统服务政府间科学政策平台(Intergovernmental Science Policy Platform on Biodiversity and Ecosystem Services, IPBES)	联合国环境规划署(UNEP)、联合国粮食及农业组织(FAO)、国际自然保护联盟(IUCN)、国际可持续发展研究所(IISD)	充当科学界和决策者之间的接口,旨在提升决策能力并加强科学的使用
环境与经济综合核算体系(System of Integrated Environmental and Economic Accounting,SEEA)	联合国(UN)、欧盟委员会(EC)、国际货币基金组织(IMF)、经济合作与发展组织(OECD)、世界银行(WB)	创建一个共同框架,以衡量生态系统对经济的贡献以及经济对生态系统的影响
Beyond GDP	欧盟委员会(EC)、欧洲议会、罗马俱乐部、世界自然基金会(WWF)、经济合作与发展组织(OECD)	制定和改进广泛适用的指标,以评估社会、经济和环境进步
生态系统服务合作伙伴关系(Ecosystem Services Partnership, ESP)	环境系统分析小组(瓦赫宁根大学)、生态经济研究所(波特兰州立大学)、荷兰环境评估局以及多达 40 名其他核心和正式成员	建立一个网络,加强和鼓励应用生态系统服务的多种方法,以促进科学、政策和实践更好地发展
生态系统服务专家名录(The Ecosystem Services Expert Directory)	世界资源研究所(WRI)、世界可持续发展商业理事会(WBCSD)、美国生态学会(ESA)、国际自然保护联盟(IUCN)、地球观测组织(GEO)	作为政策制定者和专业人士的资源,寻求关于特定生态系统趋势或管理实践的信息或指导

在 MEA 研究框架的指引下,生态系统服务的研究在跨学科应用和指导实践应用两个方面获得了长足的发展。

在跨学科应用方面,生态系统服务作为一个工具,开始与其他学科产生紧密的联系,其结合领域包括但不限于农业生态系统和粮食安全、生物多样性保护、经济价值评估与计算、人类福祉、景观规划、社会生态系统、城市发展及土地利用。

在指导实践应用方面,生态系统服务领域拓展出了两个主要的研究领域:第一个研究领域为生态系统内部关系,其主要研究内容为生态系统服务的权衡与协同。2006 年,Rodriguez 在其论文 *Trade-offs across space, time, and ecosystem services* 中明确了生态系统服务权衡与协同的概念,随着研究的推进,聚焦于生态系统服务协同关系的服务簇这一概念在 2010 年被 Raudsepp-Hearne 在论文 *Ecosystem service bundles for analyzing tradeoffs in diverse landscapes* 中明确。目前该领域的研究内容已经运用于自然资源的合理管理与科学决策。

第二个研究领域为人与生态系统的关系,其主要研究内容为生态系统服务的供需。2009 年,Fisher 在论文 *Defining and classifying ecosystem systems service for decision making* 中

基于生态系统服务传递的空间关系，明确了生态系统服务流的分类。2012 年，Burkhard 在论文 *Mapping ecosystem service supply, demand and budgets* 中对于生态系统服务供给与需求做出了初步定义。目前，关于供需的研究主要用于对自然资源在时间与空间上进行合理配置。

4. 第四阶段：展望未来，前景广阔（2013 年至今）

生态系统服务的相关研究在未来会有以下两个重点。

首先，生态系统服务供需已经成为重要的研究方向，未来将在生态系统服务流及实践应用、辅助决策判断等方面不断深入。生态系统服务供需关系研究需要全面弄清楚生态系统服务提供方式、所在区域地理背景、资源禀赋、经济水平、相关政策、人口密度、文化背景等影响因素，在已有研究基础上探索生态系统服务供需矛盾与关系优化的途径等，基于生态系统服务供需空间格局模拟其空间流动的路径与范围，逐步明确生态系统服务供给和享用的利益相关者，建立生态系统服务供给和使用反馈机制，为制定科学合理的生态系统服务消费模式提供科学依据。生态系统服务研究的国际议题见表 2.2。

表 2.2　生态系统服务研究的国际议题

议题	研究重点	主要研究内容
农业生态系统和粮食安全	侧重于栽培系统及其农业生产	运用生态系统服务从可持续的角度论述农业系统以及粮食的供应、获取、利用
生物多样性保护	侧重于确保生态系统中物种、种群和基因流动的研究	借助生态系统服务论述保护和恢复生物多样性的重要性
经济价值评估与计算	分析或量化从生态系统提供的商品或服务中获得的利益或利润	结合经济方法，以货币为单位评估生态系统服务的价值，或讨论估算生态系统服务价值对环境管理实践的重要性
人类福祉	考虑生态系统服务与人类福祉之间的直接联系	运用生态系统服务研究来减轻贫困或解决环境不公正问题
景观规划	将生态系统服务纳入规划、决策和政策中，以改进景观管理和整体治理	重点研究城市生态系统以及体制机制的重要性，考虑了按生态系统服务付费（PES）来对城市景观进行决策

续表2.2

议题	研究重点	主要研究内容
社会生态系统	探讨社会和生态组成部分的整合，以便更好地了解生态系统服务	使用生态系统服务概念和分析框架来衡量生物、物理因素和相关过程以及社会文化因素，其中包括社会经济层面的治理
城市化和土地利用	侧重于城市化和土地利用变化对生态系统服务的环境与社会经济的影响	明确空间方法，对不同时间与空间的城市生态系统服务进行评估

其次，生态系统服务的权衡与协同以及“服务簇”是未来的重要发展方向。目前不同区域、不同类型生态系统所提供的各类服务间相互作用的定量关系研究还未全面开展，需要研究者开展相关探索，为生态系统管理提供科学依据。基于生态系统服务权衡与协同关系研究成果，通过生态系统管理，进行生态系统格局优化，对生态过程进行监管与干预，实现区域生态系统服务综合价值的最大化目标，将是生态系统管理研究的重点内容。

第二节　生态系统服务的概念

一、基础概念

自从名词“生态系统服务”被提出后，相关研究逐步展开并不断深入，对生态系统服务这一概念的理解也逐步多样化，其中最具代表性的是 Costanza 在 1997 年发表的学术论文以及 2005 年 MEA 对生态系统服务的定义。

Costanza 首先在 1997 年的论文中对生态系统服务的概念进行了阐述，之后又在 2017 年的研究论文中对其进行了进一步明确，他认为生态系统服务是指生态系统与生态过程中所形成的维持人类赖以生存的自然环境条件与效用。而 MEA 项目认为生态系统服务是人类从生态系统中获得的效益，此定义目前被广泛接受和采用。

二、内涵解析

生态系统服务的概念是人类深刻理解自然生态系统与人类生存关系后提出来的，蕴含着丰富的科学内涵，其内涵包括以下 4 个方面。

首先，生态系统格局、过程与功能是生态系统服务产生的基础。生态系统格局决定其生态功能，格局变化决定、制约着过程和功能的变化。生态系统合理的格局、顺畅的生态过程和健康的生态功能是维持生态系统服务的基础。

其次，生态系统功能与生态系统服务不是一一对应的。生态系统功能侧重于反映其自然属性，即使没有人类的需求，它们同样存在；生态系统服务则是基于人类的需要、利用和偏好,反映了人类对生态系统功能的利用。如果生态系统功能消失,生态系统服务将无从谈起,但是二者不是一一对应的关系,一种生态系统服务可以由多种生态系统功能产生,一种生态系统功能也能产生两种或多种生态系统服务。

再次,生态系统服务和产品相互依存。例如森林中的树木,如果将其砍伐作为木材或燃料,得到的是产品;如果让它们生长并享受其净化和美化功能,则获得了服务。一方面,人们获得产品还是服务,取决于人类的行为和利用方式;另一方面,自然所提供的生态系统服务经常是人们获得产品的基础。

最后,生态系统不需要人类,而人类福祉却离不开生态系统服务。在人类出现以前,自然生态系统就已存在,自然生态系统服务的存在不需要得到人类的认可。生态系统服务作用范围广泛,运行方式复杂,并且大部分无法为现代技术所替代,但又是人类福祉、社会进步所必需的。

第三节　主体研究内容和8个细分领域

一、研究内容的3条脉络:基础研究、供需关系、多服务管控

作为新兴的生态学理论,从1997年至今的短短20多年时间里,生态系统服务的研究经历了从无到有、从少到多(少数研究领域到众多研究领域)、从单学科到多学科(突破生态学的影响边界,成为多学科共同关注的研究热点)的跨越式的成长历程。从时间发展脉络来看,可以分为前期的基础研究、当前的研究热点——供需关系、未来的拓展研究——多服务管控3个部分(图2.1)。

1. 基础研究

前期的基础研究包括生态系统服务分类(本书第二章)、量化价值评估(本书第三章)、生态资产核算(本书第四章)、空间制图(本书第五章)4个部分的内容。这4部分的研究内容和相关成果在学术领域得到了广泛的认可,从而奠定了生态系统服务作为独立的生态学理论的基础。同时,分类、量化计算与空间制图提供了基础性的手段与方法,是生态系统服务其他研究的基石。

在分类研究方面,MEA所提出的四大类30项分类结果目前被广泛采用;在量化评估方法方面,随着信息技术的发展,生态模型法目前被广泛采用并运用到生态系统服务的研究中,对于生态系统服务的量化评估也随着技术的发展逐渐从单点价值评估转向空间格局及其动态变化规律研究,生态系统服务量化评估研究实践越来越多,正在向模型化、精准化、生态功能产生过程及形成机制生态职能转化率等纵深方向发展。

2. 供需关系

当前的研究热点是生态系统服务供需关系,可以分为供需关系(本书第六章)、生态需求测度(本书第七章)、生态服务流(本书第六章)3方面的内容。供需关系探索了人类福祉与自然生态的联结形式,研究成果是生态诊断、生态评估和生态管控的重要依据。生态需求测度较生态供给测度复杂,社会发展、群体差异和需求层次等级都是测度方法中的

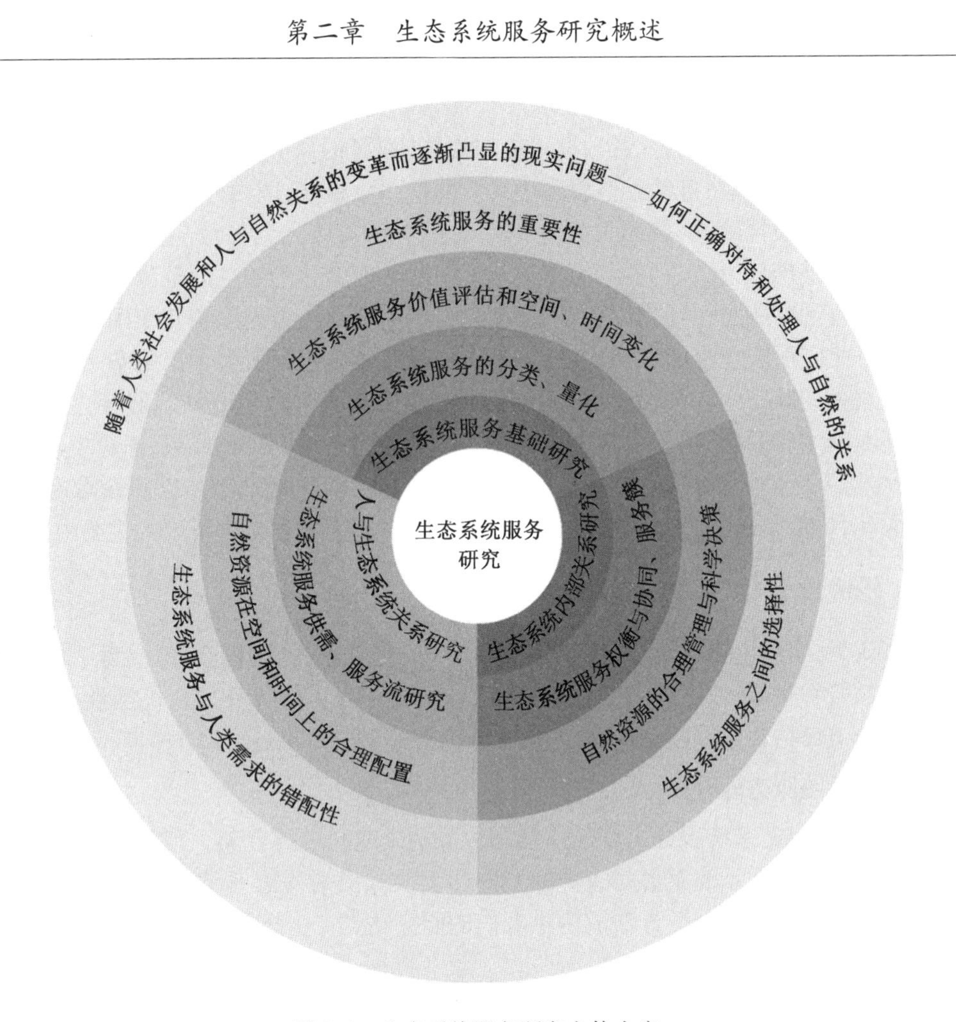

图 2.1　生态系统服务研究主体内容

重要变量。生态服务流关注的是生态系统所产生的服务中被人类消耗利用的部分,生态服务流的研究构建了一个包括供给区、连接区与需求区的研究框架,是对静态的供需研究在空间层面的重要完善与补充。通过划分生态系统服务供给区和需求区,分析生态系统服务供需矛盾以及产生空间错位的原因,初步掌握生态系统服务空间流转的方向,为自然资源合理空间的配置服务。但由于生态系统服务空间流转具有客观性,受自然规律支配,也受人类生产生活的调控,当前研究者对生态系统服务流转量掌握不精确,未来应该增加生态系统服务流转量或流转效率的定量化研究,为决策者制定合适的生态系统管理政策提供科学依据。

3. 多服务管控

从发展的未来来看,生态系统服务研究的进一步拓展方向会是基于多个生态系统服务关系协调的生态管控。多服务管控分为两个部分,一是多服务的关系辨析——权衡与协同(本书第八章),二是基于多服务分析的生态管理——生态系统服务簇(本书第九章)。权衡-协同关系和服务簇的研究属于生态系统服务研究领域的前沿与热点,是未来生态系统服务研究的重点领域。

自然生态系统内部的各因素会因人类的需求以及自然本底影响而产生复杂的相互关系,其关系可以简单地归纳为两类,即权衡与协同,而簇的研究则进一步将视角聚焦到协同之上,探索协同关系在自然生态管理中发挥的作用。目前,国内外有关研究成果仍处于理论分析与模型模拟阶段,将相关研究成果的科学认知转化到决策应用仍需继续努力。通过生态系统基础理论,识别各种类型生态系统服务能够达到的空间范围,厘清生态系统服务之间的各种变化与相互作用关系,揭示在自然因素与人为因素相互作用的条件下,生态系统服务之间所表现出的权衡或协同关系,分析权衡或协同所展示出的空间格局,讨论生态系统服务的动态变化及面临的主要问题,揭示出区域多种生态系统服务之间的内在关联特征及其主导因素,基于生态系统服务权衡与协同关系的研究成果,通过生态系统管理,进行生态系统格局优化,对生态过程进行监管与干预,实现区域生态系统服务综合价值的最大化目标,是将生态系统服务理论运用到生态系统管理与决策中的重要内容。

二、研究细分领域

作者认为,当前生态系统服务的研究可分为 8 个细分领域(图 2.2)。为了便于读者对各细分领域有整体、快速的了解,本书将 8 个领域分为 9 个部分进行概括性介绍,其中量化包括价值评估和生态系统生产总值(gross ecosystem product,GEP)核算。

1. 生态系统服务的分类

一般来说,生态系统服务可以从功能和价值两个途径进行分类。当前阶段,学者们将研究重点转移到生态系统服务对人类福祉的影响及人类对生态系统服务的需求上,因此基于需求与人类福祉的分类方法成为学者们的研究热点。生态系统服务主要分类方法见表 2.3。

表 2.3　生态系统服务主要分类方法

分类依据	代表人物或机构	分类结果
基于功能的分类	Freeman	经济系统输入原材料、维持生命系统、提供舒适性服务以及分解、转移和容纳经济活动的副产品四大类
	Daily	13 项
	Costanza	17 项
	De Groot	调节功能、生境功能、生产功能、信息功能四大类 23 项
	MEA	供给服务、调节服务、支持服务、文化服务四大类 30 项
	欧阳志云	产品与环境两大类 8 项
基于价值的分类	OECD	使用价值(直接使用价值、间接使用价值、存在价值)与非使用价值(遗产价值、存在价值、选择价值)
	欧阳志云	直接利用价值、间接利用价值、选择价值、存在价值
基于需求与人类福祉的分类	Wallace	足够的资源、寄生虫等保护、自然和环境、社会文化等四大类
	张彪	物质产品、生态安全维护功能和景观文化承载功能等三大类 12 项

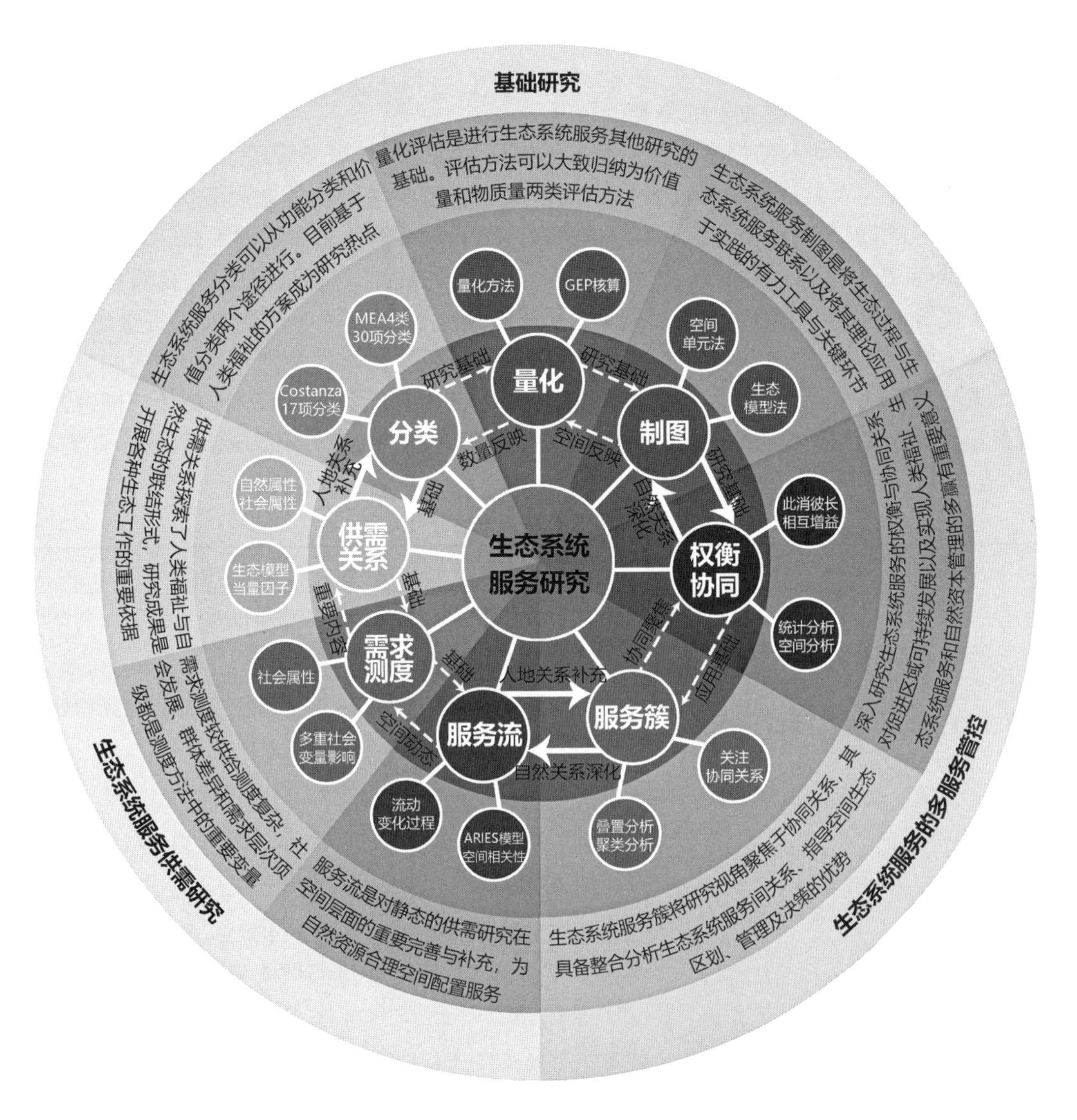

图 2.2　生态系统服务研究细分领域

(1)基于功能的分类。

国内外有大量的关于生态系统服务功能类型划分的研究，比较具有代表性的有 Freeman、Daily、Costanza、De Groot、MEA 等。

国内相关学者结合自己的实际工作，对不同生态系统服务功能进行了有效的研究。例如，欧阳志云、王如松等对中国陆地生态系统服务功能及其生态经济价值进行了初步研究，将生态系统服务分为两大类——产品与环境，其下又分为 8 项。

(2)基于价值的分类。

生态系统服务价值构成是生态系统服务价值的概念核心，同时也是生态系统服务评估的基础。国外的研究多认为生态系统服务价值包括使用价值与非使用价值，而使用价值包括直接使用价值、间接使用价值；非使用价值包括遗产价值、存在价值、选择价值。

在国内的研究中，欧阳志云等将其总结为4类，即直接利用价值、间接利用价值、选择价值、存在价值。

(3)基于需求与人类福祉的分类。

生态系统服务研究的根本出发点是人类福祉。生态系统服务管理的重要目标是实现生态系统服务与人类福祉的协同发展。从自然生态系统供给去考虑服务价值是不全面的，应该朝着需求方向发展。基于需求的分类主要是想探讨生态系统的平衡问题。

Wallace按照不同人类价值属性将服务分为足够的资源、寄生虫等保护、自然和环境、社会文化等四大类。张彪等建立了基于人类需求的生态系统服务分类体系，将生态系统服务分为物质产品、生态安全维护功能和景观文化承载功能等三大类12项。

虽然目前存在较多生态系统服务分类方式，并且相关研究也在不断地更新与推进，但目前学界对于3种基于功能的分类方法认可度较高，包括MEA、Costanza、De Groot分类方法(表2.4)。

表2.4　生态系统服务主流分类方法

分类名称	类别	项目
MEA四大类30项分类方法	供给服务	食物、纤维、淡水、遗传资源、生物化学物质以及天然药物、装饰资源
	调节服务	大气调节、气候调节、调节水资源、调节侵蚀、水净化和废物处理、控制疾病、害虫管理、授粉、调节自然灾害
	支持服务	土壤形成、光合作用、养分循环、初级生产、水循环
	文化服务	文化多样性、精神与宗教价值、知识体系、教育价值、激励、美学价值、社会关系、地方感、文化遗产、娱乐与旅行
Costanza 17项分类方法	—	大气调节、气候调节、干扰调节、水调节、水供应、防止侵蚀、土壤形成、养分循环、废物处理、传粉、生物控制、提供避难所、食物生产、原材料、基因库、娱乐、文化
De Groot四大类23项分类方法	调节功能	大气调节、气候调节、干扰控制、水调节、提供水源、土壤保持、土壤形成、养分调节、废物处理、传粉、生物控制
	生境功能	生境地保存、繁殖地保护
	生产功能	食物、原材料、基因资源、医药品、装饰资源
	信息功能	美学信息、消遣娱乐、文化艺术、精神历史、科学教育

MEA的分类方式是当前影响力最大、应用最广泛的分类方法。MEA将生态系统服务分为四大类30项，包括供给服务、调节服务、支持服务以及文化服务，供给服务指人类从生态系统获得的各种产品；调节服务指人类从生态系统过程的调节作用获得的收益；支持服务指生态系统生产和支撑其他服务的基础功能；文化服务指为人类提供的非物质效益。

Costanza最早提出的功能分类法，将生态系统服务分为17项，其文章因发表于*Nature*而影响深远，其思路对于后来的研究有重大的启发意义。De Groot将生态系统服务分为四大类 23 项，与 MEA 的分类方式较为类似。

尽管目前生态系统服务有了不同的分类，但对于一个区域来说，生态系统提供着不同的服务功能，这些服务功能并不处在同一等级上。对生态系统服务不同功能的价值估算并不需要计算全部，只需抓住一个或者几个核心的服务功能即可。

2. 生态系统服务的量化价值评估

生态系统为人类提供的益处是客观存在且不可替代的。随着全球生态系统的退化以及人类社会的不断发展和人口不断增加，生态系统服务的稀缺性日益提高。过去人们对生态系统服务浅显的、感性的认识已不能适应当前时代的发展。生态系统服务量化评估可以帮助人们更好地认识生态系统，并为保护、管理和可持续利用生态系统提供科学依据。

现有的生态系统服务量化评估方法多样，各学者根据研究视角的不同对这些评估方法有不同的分类，目前有以下 3 种差异较大的分类方法：一是基于市场理论的价值评估方法，从评估过程的角度分为直接评估法和间接评估法两大类；二是从供需评估的视角，归纳为生态模型法、价值评估法、主观参与法和经验统计模型法四大类；三是目前国内外最普遍的以数据类型为依据划分为价值量和物质量两大类，将功能价值法、当量因子法归为价值量评估方法，将生态模型法、能值法归为物质量评估方法。本书将众多评估方法归纳总结为并列的五大类：功能价值法、当量因子法、生态模型法、主观参与法和能值法。

每种量化评估方法各有优缺点及适用范围，需要根据研究目的及研究对象的特征进行选择。其中，风景园林学科领域最为常用的方法是当量因子法和生态模型法。当量因子法对数据需求少、操作简单，因而较早地应用在风景园林学科领域，但生态系统服务的时空异质性导致参考的价值当量并不能真实反映研究区的实际价值。随着对评估精度要求的提高，基于生态系统服务的形成机理、通过计算生态系统真正产生的物质量来进行评估的生态模型法开始使用并逐渐增多，使得评估结果更加精准化、动态化。

生态系统服务量化评估具有重要的研究价值与意义：一是量化评估使得生态系统服务理论迅速成为生态学领域的研究热点，奠定了其在生态学领域的地位；二是量化评估是整个生态系统服务理论的根基与核心，并以此为基础逐步形成了对需求、权衡与协同、流与簇的研究；三是量化评估作为一种定量分析的手段，其空间指向性有效弥补了风景园林学科的不足并推动其发展。

3. GEP 核算

GEP 核算是一种将生态系统服务价值纳入经济核算的方法，其产生可追溯到 20 世纪 90 年代，当时人们开始意识到传统的经济指标无法全面反映环境和生态系统的重要性。随着可持续发展理念的兴起，GEP 核算逐渐成为衡量经济发展与生态保护协调性的重要工具。尤其在目前我国生态文明建设的背景下，GEP 已成为考核地区生态绩效的重要指标，具有生态学和社会经济学两个层面上的重要意义。

GEP 核算包括发展概述、核算方法、GEP 与生态系统服务（ecosystem service，ES）的逻辑关联、国内及国外实践等内容。GEP 作为将生态系统服务价值纳入经济核算的方法，已成为可持续发展研究的重要工具。

4. 生态系统服务空间制图

生态系统服务理论与空间制图发展具有相互依赖和相互促进的关系，空间制图在生态系统服务理论中扮演着重要角色。生态系统服务在地理空间上具有异质性和不同的分布格局，不同地区的生态系统服务类型和程度各不相同，而空间制图可将生态系统服务与地理空间位置相结合，将生态系统服务的空间分布转化为可视化结果，提供对生态系统服务分布、区域差异和变化趋势的直观展示和分析。生态系统服务理论为空间制图提供了研究和应用的基础，而空间制图则为生态系统服务理论的实践提供了有力支持，共同推动着生态系统服务的研究和可持续发展的实现。

生态系统服务空间制图是一个相对较新的研究领域，目前正在逐步发展和演进。从研究内容来看，生态系统服务制图研究主要着眼于生态系统服务供给制图、需求制图、权衡协同情景分析制图 3 个方面；从研究流程来看，制图过程和形式具有较为明显的差异性，但制图单元可普遍归纳为 4 种常见类型——地理/生物物理单元、行政/管理单元、土地利用单元和具有具体规划/设计/分析目的的单元，以及 3 种单元规模，即场地级、地方级和区域级；从研究方法来看，现有研究在不断探索和改进生态系统服务空间制图的指标和评价体系，以量化和描述不同生态系统服务类型（如水调节、气候调节、土壤保持等）的空间分布。

基于生态系统服务理论的规划设计已成为风景园林规划设计的重要理论基础，空间制图是生态系统理论应用于风景园林实践的重要桥梁。生态系统服务空间制图的尺度、数据与处理平台、方法和指标的选取需要根据研究目的及研究对象的特征进行选择。随着制图工具的不断更迭与制图技术的不断演进，空间制图的可视化表达效果更加精准，使得评估结果对于决策选择具有更为可信和坚实的支撑力。

5. 生态系统服务的供需研究

供需关系研究是生态系统服务研究的热点领域。供需关系对于指导实践、解决现实问题意义重大，因此受到多学科的共同关注。生态系统服务的供给指生态系统为人类生产的产品与服务，需求则是人类对生态系统生产的产品与服务的消费和使用，两者共同构成生态系统服务从自然生态系统流向人类社会系统的动态过程。

生态系统服务的供给是生态系统服务的源头。在研究供给时，需考虑生态系统服务的直接形成因素（如生物种群、水体和土壤）以及间接背景因素（如地形和流域）。根据生态系统的承载能力和人类对生态系统服务的利用程度，可以将供给分为潜在供给和实际供给。其中，潜在供给是生态系统以可持续的方式长期提供服务的能力，实际供给是被人切实消费或利用的产品或生态过程。一方面，由于需求较小或可达性差，并非所有的生态过程都可转变为服务，导致潜在供给大于实际供给；另一方面，人类对某些生态系统服务的利用可能超过其本身的潜力，导致潜在供给小于实际供给。

供需问题的本质在于供需的匹配度。供需匹配分析涉及数量平衡、空间适配、类型契合、匹配的时间动态性等方面的内容。供需匹配分析是生态系统服务供需研究案例的核心内容，根据匹配分析结果，对研究案例采取生态诊断、整体评估、问题分析和管理策略。

6. 生态系统服务流

生态系统服务流的研究可以将具有空间异质性的供给与需求有效连接，已受到众多研究者的广泛关注。虽然当前对生态系统服务流的研究还处于概念性探索阶段，其定量评估的方法也尚未成熟，但相关的研究已经成为生态系统服务研究的热点与前沿，是未来发展的一个重要方向。

目前，对生态系统服务流主要从两个角度来定义和理解，其一强调过程，认为生态系统服务流是生态系统从供给区到需求区的连接，是供给区所提供的生态系统服务依靠某种载体或不经任何载体，在自然或人为因素的驱动下，沿某一方向和路径传递到受益区的过程；其二强调最终的效用，认为生态系统服务流为人类实际所获得的生态系统服务，是生态系统服务的最终实现。两种理解虽然存在差异，但二者都关注的是生态系统所产生的服务中被人类消耗利用的部分。

生态系统服务流的实现涉及3个区域：供给区、连接区与需求区。供给区是产生生态系统服务的区域，连接区是连接生态系统服务供给与需求的中间区域，需求区是使用或消费生态系统服务的区域。依据生态系统服务供给区与需求区之间的空间关系，生态系统服务流可以分为3种类型：原位服务流、全向服务流和定向服务流。原位服务流是指生态系统服务供给区与需求区基本重叠；全向服务流是指生态系统服务从供给区沿各个方向传递到使用区，其在传递过程中没有方向偏好；定向服务流是指生态系统服务从供给区沿某一固定方向传递到服务使用区。除此之外，生态系统服务流还可以根据供需主体移动性被分为供给移动服务流和使用移动服务流；根据服务流形成的驱动力分为自然驱动服务流、人为驱动服务流和自然-人为复合驱动服务流。

7. 生态需求测度

研究生态系统服务是为了提高自然生态系统对人类的福祉，满足人类对生态系统服务的需求。没有人类需求，服务供给的必要性与规模质量便无从谈起；而仅从供给端推导服务价值，并不能反映人类的真实生态需求。因此，科学准确地测度生态系统服务需求对于人类认识自身和社会发展情况，以及合理有效地管理生态系统具有十分重要的意义，是当前生态系统服务研究的热点领域。

对于生态需求，当前有3种不同的理解，即使用消费说、偏好说和发展意愿说。生态需求的测度是一个非常复杂的问题。一方面，由于当前对生态需求还没有形成一个统一的定义，因此在测度时，对需求理解的不同往往导致所选取的因子和方法会有所差异；另一方面，相较于生态供给的客观性和确定性，生态需求体现了人类的主观意志，表现出很强的差异性、变异性和层级性特征，在测度原理上也比生态供给更为复杂。

现有的生态需求测度方法多样并处在不断探索的发展阶段，本书根据测度方法的差异将其归纳总结为6种，即生态模型法、法定定额法、灾害风险法、土地开发指数法、主观参与法、生态足迹法等。每种方法各具优缺点，适用于不同的需求理解角度和层级，因此，在实际应用中，需要根据研究目的及需求特征来选择合适的测度方法，以更准确地反映人类的生态需求。

8. 生态系统服务的权衡与协同

生态系统服务的权衡与协同的研究旨在探讨不同生态系统服务之间的作用与影响，在资源有限的条件下寻求多元服务和人类活动的平衡。该研究面临诸多挑战：服务间的权衡关系和相互作用，服务在空间和时间上的响应差异，理解权衡与协同关系的驱动因素，量化服务的权衡与协同特征。这些问题的解决能够使人们更好地理解生态系统服务的相互关系，避免优化一种服务时过度损失其他服务，从而实现可持续发展。

在理论与方法的研究中，重点关注空间、时间、可逆性及服务间的权衡问题。通过明确研究目标和范围，收集并分析数据，以识别权衡关系并提出管理策略。识别方法主要采用统计学分析方法，包括描述性统计、相关性分析、回归分析、主成分和因子分析，以及机器学习方法，包括决策树和随机森林分析、贝叶斯网络分析和多目标优化法。权衡的驱动因素主要包含生态、社会和经济因素。此外，生态系统服务协同的发生规律表现在多个服务可能依赖同一生态过程。理解这些规律并综合考虑驱动因素，有助于优化服务间的协同关系及生态效益，为制订更有效的生态系统管理策略提供依据。

9. 生态系统服务簇

生态系统服务簇是一组在时间或空间上重复出现的生态系统服务组合，是当前生态系统服务领域研究的前沿与重点之一。生态系统服务簇的本质是多个生态系统服务的成组研究，对生态系统服务簇进行研究，对于进一步分析多种生态系统服务之间的结构与相互关系、理解生态系统服务背后的生态与社会耦合机制具有重要的意义与价值。

根据簇的识别内容不同，生态系统服务簇又被赋予了供给簇、需求簇等不同内涵，并从供给角度使用簇为区域与城市的生态管理和决策提供依据。将时序这一动态因素考虑进簇的研究中，可以分析影响簇形成的主要因素。在研究方法层面，目前簇的研究已经形成了一个完整的流程，即生态系统服务量化—生态系统服务权衡与协同关系初步判定—生态系统服务簇的识别—簇的识别结果分析。在识别方法上，目前 K 均值聚类算法因操作简单被广泛用于簇的识别，而诸如自组织特征映射（SOFM）等方法也随着研究的不断推进被应用于研究中。

簇通过聚类得到识别结果，在聚类之前，每一类的分类标准与结果具有的特点是未知的，对生态系统服务簇的研究难点在于如何结合自然本底情况与社会发展情况，对簇的识别结果进行科学的解读。目前，生态系统服务簇的理论已经较多应用于区域尺度的生态功能区划，而将社会因素考虑进来，从需求角度对簇进行分析与识别的研究则处于起步阶段。

第四节　生态系统服务与城市生态规划

生态系统服务理论是开展城市生态规划的有力武器和重要工具，其关于生态功能的量化评测、空间制图、供需关系等的研究既可为城市生态管理、评估和规划设计提供重要的技术支撑，又有着广阔的工程应用前景。下面以生态格局优化、生态保护和生态安全评估为案例，阐述生态系统服务理论在城市生态规划中的实践应用。

一、生态格局优化：基于 MESC 模型的哈尔滨案例①

景观生态格局的建构是生态文明建设的核心组成部分。自然资源部发布的《市级国土空间总体规划编制指南（试行）》强调，通过景观生态格局优化的手段对城市中心城区进行高质量的发展。

现有研究多以区域尺度的生态规划为参考，且多从结构层面出发，通过增加生态空间来提升城市中心城区景观生态格局内的网络连接度，但并未充分考虑到城市中心城区尺度的生态需求。

本案例以哈尔滨市中心城区为研究对象。哈尔滨市地处我国东北北部，是黑龙江省的省会，也是国家重要的制造业基地、历史文化名城和国际冰雪文化名城。通过对哈尔滨市中心城区现有生态特征的分析，将各类资源的具体空间划分为：森林资源、草地资源、灌木资源、湿地资源、水体资源和未利用地资源。同时分析发现，目前哈尔滨市的生态用地存在着空间分散、斑块碎片化等问题，难以为城市提供优质的生态服务，需要对已有的景观生态格局进行量化评估，并在此基础上进行格局的优化。

研究采用复合绩效测度模型的分析方法。复合绩效测度模型是以生态系统服务理论为基础，从生态系统服务供给功能出发，对城市生态空间多种生态绩效进行综合测度的模型，可用于源地识别或生态绩效的测算。首先，使用复合绩效测度模型对研究区的景观生态格局进行分析，识别研究区的生态源地，主要分为 3 个步骤：①确定生态空间的单项生态系统服务能力，最终选取 5 个量化评价因子，并对其进行量化测度和可视化；②确定生态空间的多重生态系统服务能力（multiple ecosystem service capability，MESC）值；③识别城市中心城区的生态源地，并进行源地分级。其次，选取阻力因子，构建景观阻力面，基于 Linkage Mapper 工具构建城市生态廊道，利用重力模型识别重要的生态廊道并对其进行扩展，实现对城市景观格局的优化。最后，运用复合绩效测度模型分析优化后的城市生态空间，得到优化后的城市生态源地 MESC 指数，通过对优化前后指数的比较，验证优化效果，并提出相应的分级管理策略。

二、生态保护：基于 ES-EH 测度的空港新城案例②

在党的十九大报告中，“加大自然生态系统和环境保护力度”被列为生态建设的 4 个工作重点之一。习近平总书记在党的十九大报告中指出：“必须树立和践行绿水青山就是金山银山的理念，坚持节约资源和保护环境的基本国策，像对待生命一样对待生态环境，统筹山水林田湖草系统治理，实行最严格的生态环境保护制度，形成绿色发展方式和生活方式，坚定走生产发展、生活富裕、生态良好的文明发展道路，建设美丽中国，为人民创造良好的生产生活环境，为全球生态安全作出贡献。”这说明中国的生态环境保护工作

---

① 迟毓琪，吴远翔，曲可晴. 基于复合绩效测度模型的生态空间格局优化［C］//中国城市规划学会. 人民城市，规划赋能：2022 中国城市规划年会论文集. 北京：中国建筑工业出版社，2022.

② 吴远翔，陆明，金华，等. 基于生态服务-生态健康综合评估的城市生态保护规划研究［J］. 中国园林，2020，36(9)：98-103.

已刻不容缓,而且具有重要意义。

人们对生态环境保护的认识不够深入,使得我国在城市快速扩张发展的同时,也对原有生态格局造成了较为严重的破坏。在城市新区和城市扩张区,其开发建设与生态保护之间的矛盾尤为尖锐。由于缺乏对生态空间功能与服务价值的准确判断,出现了许多盲目开发和盲目保护的情况。因此,对地区生态资源进行科学识别和准确划分,是生态保护规划工作的关键。

本书所选案例以哈尔滨市空港新城为研究对象,探索城市生态保护的新方法。哈尔滨太平国际机场是国家重点建设的七大国际枢纽机场之一,是东北地区唯一的国际枢纽机场。空港新城依托哈尔滨太平国际机场,位于哈尔滨市中心区西侧 20 km 处,占地面积 171.6 km^2。目前新城区主要由农田(69.9%)、村庄(11.5%)和生态用地(17.2%)构成,具有较好的自然生态基底。由于新城区开发需求量很大,又有相当数量的基本农田不可开发,因此土地资源十分宝贵,开发建设与生态保护之间的矛盾非常突出。如何识别区域内的核心生态资源、科学划定保护边界、实现生态绩效和生态健康的双赢,是新城区建设亟待解决的难题。

本研究以生态系统服务的量化评估作为识别区域生态资源的手段,对现有物种保护法和生态功能法进行综合,提出兼顾人类福祉和自然健康两个维度的 ES-EH(ecosystem service-ecosystem health)评估法作为城市生态保护规划的方法。本研究基于保护生态系统的健康性和完整性以及人对生态系统服务的需求两方面考虑,选择生态健康(包括生态活力、生态网络结构、生态恢复力)和生态服务(包括调节服务、支持服务、文化服务)两方面的 6 个因子作为评估因子。然后将计算结果(表 2.5)在 ArcGIS 平台上进行加权叠加,识别出地区改善城市生态和维护生态健康的重要空间。最后经分析整理划定保护区并提出相应的管理策略。

表 2.5　空港新城各生态因子计算结果

生态用地分类	调节服务/万元	文化服务/万元	支持服务/万元	净初级生产力/$\times 10^8 (gC \cdot m^{-2} \cdot a^{-1})$	重要生态结构面积/km^2	高恢复力土地面积/km^2
农田(旱地)	1 319.0	213.89	4 563.05	687.42	—	—
农田(水田)	317.88	46.90	213.66		—	—
林地(针阔混交林)	698.37	210.07	348.88	63.01	7.79	11.05
草地	43.31	31.11	23.21	4.64	—	—
湿地	150.99	235.70	77.57	6.95	1.15	1.35
水域	1 206.34	794.42	497.39	—	14.18	15.59
总计	3 735.90	1 532.08	5 723.76	762.02	23.12	27.99
权重折算后	1 747.12	306.41	572.37	—	—	—

根据生态空间分级识别结果,将地段内的一级空间和二级空间划为生态保护区。其中一级保护区由八一水库、太平湖、运粮河、河道两侧湿地及大块林地组成,是区域内的重要生态源地,建议设为城市规划的禁建区,实行严格的生态保护,禁止一切开发建设;二级保护区主要由坑塘湿地、小块林地和次要河道组成,建议设为城市规划的限建区,可以进

行少量开发以满足人们的休憩娱乐需求。

三、生态安全评估：基于 ESDR 评估的昆明案例①

党的十八大报告明确提出了“构建科学合理的城市化格局、农业发展格局、生态安全格局”的发展战略，并将生态安全放在了国家层面的战略地位。自然资源部发布的《市级国土空间总体规划编制指南（试行）》为我国新的规划体系指明了发展方向，完善了生态评估和生态管控在新规划体系中的地位。目前生态安全评价体系的构建已成为国内外生态安全研究的热点与难点。

在当前有关生态安全评价的研究中，评价方法集中于“自然环境-社会-经济”方面，以压力-状态-响应（PSR）为框架构建数学评价模型，该方法在政策规划实践中已多有运用。在今后的生态安全评价研究中，将具有提升生态过程理解、深化人与自然的联系、解析影响因素间的关系、加强空间指导性等共性发展趋势。

本书所选案例以昆明市为研究对象。昆明市是中国西南地区的发展门户和滇中重要的生态安全屏障，在生物多样性、水资源保持、土壤保持和农林产品供应方面发挥着重要的生态作用。然而，随着城市化进程的加快以及环境保护措施的缺失，滇池流域的生态安全问题日益严峻。昆明市的环境承载力较低、环境问题较多、环境屏障薄弱、生态系统自我恢复调节能力不稳定，构建城市生态安全系统难度大。

本研究从生态系统服务供需维度出发建立生态安全评价体系，以供给是否大于需求作为基本逻辑遵循，构建生态系统服务供需比-生态安全评价框架（Ecosystem Service Supply-demand Ratio-ecological Security Evaluation Framework，ESDR Framework），从“数量-空间-时间”多维度评价市域生态安全。首先提出 ESDR 评价体系（图 2.3），筛选对研究

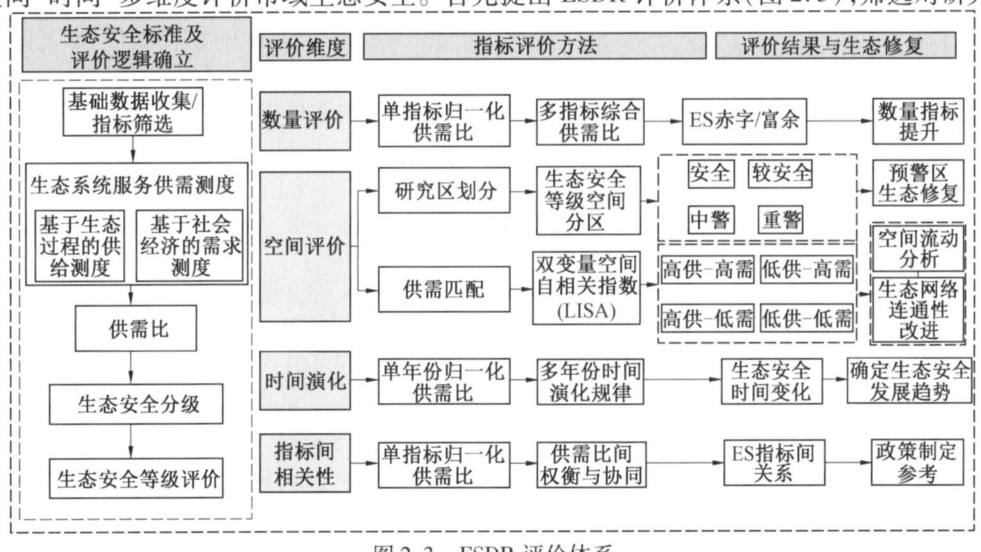

图 2.3　ESDR 评价体系

① 曲可晴. 基于生态系统服务供需的市域生态安全评价研究——以昆明市为例[D]. 哈尔滨：哈尔滨工业大学，2023.

区影响最为重要的生态系统服务（产水服务、食物生产服务、碳固存服务、土壤保持服务），分别量化测度其供给、需求，进而采用生态供需比，建立以数量关系为基准的生态安全分级标准，开展2000年、2010年、2020年3年的总体生态安全综合评价，并分析其演变规律（图2.4）；其次对生态安全空间进行评价，明晰生态系统服务的供需结构与供需空间，说明生态系统服务供需空间匹配关系；最后通过分析指标间的相关性，来分析影响因素间的关联，为后续政策权衡和规划指导提供有力的参考依据。

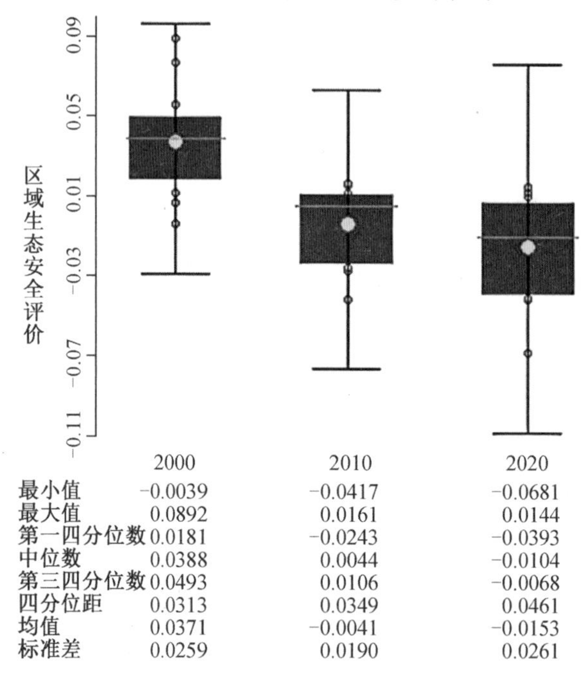

	2000	2010	2020
最小值	-0.0039	-0.0417	-0.0681
最大值	0.0892	0.0161	0.0144
第一四分位数	0.0181	-0.0243	-0.0393
中位数	0.0388	0.0044	-0.0104
第三四分位数	0.0493	0.0106	-0.0068
四分位距	0.0313	0.0349	0.0461
均值	0.0371	-0.0041	-0.0153
标准差	0.0259	0.0190	0.0261

图2.4　昆明市生态安全评价结果随时间演变规律

根据生态系统服务供需比计算结果，昆明市2020年出现生态赤字，生态安全受到威胁，总体评价为处于中警状态。

本章参考文献

[1] ASSESMENT M E, JAARSVELD A V. Ecosystems and human well-being: biodiversity synthesis[J]. World Resources Institude, 2005, 42(1): 77-101.

[2] COSTANZA R, D'ARGE R, DE GROOT R, et al. The value of the world's ecosystem services and natural capital[J]. Nature, 1997, 387: 253-260.

[3] 郭宗亮，刘亚楠，张璐，等. 生态系统服务研究进展与展望[J]. 环境工程技术学报，2022，12(3)：928-936.

[4] 王思博，焦翔，李冬冬，等. 生态系统服务研究评述与展望：由功能认知、价值核算向消费价值实现的演变[J]. 林业经济，2021，43(6)：49-67.

[5] 袁周炎妍，万荣荣. 生态系统服务评估方法研究进展[J]. 生态科学，2019，38(5)：210-219.

[6]马琳，刘浩，彭建，等．生态系统服务供给和需求研究进展[J]．地理学报，2017，72(7)：1277-1289.

[7]易丹，肖善才，韩逸，等．生态系统服务供给和需求研究评述及框架体系构建[J]．应用生态学报，2021，32(11)：3942-3952.

[8]王嘉丽，周伟奇．生态系统服务流研究进展[J]．生态学报，2019，39(12)：4213-4222.

[9]冯漪，曹银贵，李胜鹏，等．生态系统服务权衡与协同研究:发展历程与研究特征[J]．农业资源与环境学报，2022，39(1)：11-25.

[10]SAIDI N, SPRAY C. Ecosystem services bundles：challenges and opportunities for implementation and further research [J]. Environment Research Letters, 2018, 13(11):113001.

[11]吴远翔，陆明，金华，等．基于生态服务–生态健康综合评估的城市生态保护规划研究[J]．中国园林，2020，36(9)：98-103.

第三章　生态系统服务的价值评估

第一节　生态系统服务的价值评估概述

价值评估是生态系统服务理论的重大学术贡献，也是理论的核心组成部分，其学术贡献体现在：①价值评估奠定了生态系统服务后续深化研究（如生态绩效空间制图、生态供需研究、生态服务簇与流的研究等）的基础；②基于价值评估，极大地拓展了生态系统服务理论与其他应用学科（地理学、城乡规划学、风景园林学等）交叉融通与合作的机会，推动多学科联合攻关；③价值评估有重大的实践应用价值，在生态经济学、生态资产核算、生态政绩考评等方面，评估成果得到了直接应用。

一、对生态价值的认知

生态系统具有重大的贡献与价值，这是大家很早就达成共识的。认识这种价值，有一个从定性分析到定量计量的过程。

进入工业革命后，随着社会经济的迅速发展、人口的增长及自然环境的变迁，自然生态系统被日益破坏，为人类带来的服务效益不断减少。长期以来，很多生态系统服务的价值因人们定性的感知和浅显的认识而往往被忽视，导致了对自然资源及生态环境的破坏，影响了人类生活环境以及社会经济的可持续发展。在此背景下，有关生态系统服务的研究备受科学家关注，对生态系统服务进行评估、分析逐渐成为生态学研究中的热点问题。

生态价值评估的本质就是对生态系统功用与效能进行量化计算，即形成一种科学可行的核算体系，能够对生态系统服务所带来的价值进行测度，获得一个相对客观的评估结果。这一结果将有助于了解生态系统服务的状态与能力，引发对健康生态系统所供给的人类福祉的严正关切，并且为促进生态系统的利用、保护和可持续管理方面的明智决策和行动提供依据。生态价值评估的结果是研究生态环境保护、制定环境治理政策和建设城市绿地的重要依据。

二、研究历程

国内外对生态系统服务量化评估的研究主要包括理论框架研究和评估方法研究两个部分，可分为以下 4 个发展阶段。

（1）1997 年之前，以定性描述为主。

在 1997 年 Daily 首次较为系统、全面地研究生态系统服务之前，相关研究常用“生态效益”一词来表达这一概念。这一阶段对生态效益主要是进行定性分析，多集中在讨论森林的生态效益及补偿问题，研究的深度和广度尚显不足，但为日后的生态系统服务量化研究奠定了一个良好的基础。

(2)1997—2004年,快速发展阶段。

Costanza 等在1997年首次以经济货币的形式对全球生态系统服务的价值进行估测,为生态系统服务量化评估提供了创新且可行的方法,相关研究也因此进入了快速发展时期。此阶段的前期大多是参考 Costanza 研究中的价值当量法,对各类生态系统的服务价值进行评估;后期一些学者开始使用遥感技术定量测量生态参数,对价值当量进行了修正,使评估的精度有了一定的提高。

(3)2005—2011年,评估多元化发展。

2005年,联合国 MEA 项目首次将生态系统服务分为四大类,相关研究也由此开始进行分类评估。这一阶段,遥感数据越来越多地被应用在定量研究之中。生态价值评估的方法日益多元化,生态模型法、价值评估法、能值法等开始不断发展与成熟。

(4)2012年至今,综合应用。

2012年,联合国"生物多样性和生态系统服务政府间科学政策平台(IPBES)"建立,促进了科学研究向管理政策的转化。生态价值评估出现两大趋势,即价值动态评估和评估结果的决策应用。"生态补偿""资源利用"等一些相关高频词开始出现。这一阶段从单一的定量计算开始转变为更具动态性、机理性和应用性的综合研究。

三、生态价值评估的意义

生态价值评估的价值与意义主要体现在以下3个方面。

(1)自立门户,宣告了生态系统服务理论在生态学领域的独立地位。

1997年 Costanza 首次完成全球生态系统服务的量化价值计算并在 *Nature* 发文以后,生态系统服务理论便正式自立门户,安身立足,作为一个独立的生态学理论,成为学术界关注的热点。该论文以当量因子法计算生态价值,完成了生态绩效评估从定性分析到定量计算的华丽转变。价值评估、服务分类和空间制图这3个核心学术贡献共同构成了生态系统服务初期研究的理论架构。

(2)基础解析,奠定了生态系统服务后续研究的底层依托。

近20年来,生态系统服务作为一个新兴的研究热点领域,研究深度与广度不断扩展,目前已经在空间制图、生态资产核算、服务分类、生态供需、权衡与协同、流与簇等方面取得了一系列研究成果。需要注意的是,对于生态系统服务所有不同方向的后续研究,都是建立在生态价值评估的量化基础之上的,即生态基础评估为生态系统服务研究提供了最重要的基础解析方法,构成了整个研究体系的基石。

(3)学科交叉,开启了城市生态规划与风景园林学科的"活水"引入。

首先,作为一种可以明确计量生态绩效的研究方法,量化评估使得生态系统服务理论成为生态学领域的研究热点,并促进了与经济学、城乡规划学、风景园林学等学科的交叉融合,使其在不同领域得到广泛应用,极大丰富了生态系统服务理论的内涵,有力推动了生态学的发展。

其次,弥补了传统生态规划的不足,推动了风景园林学科的发展。传统的城市生态规划强调对城市空间的管控,对于城市生态用地及其指标的分级管理非常明确且详尽,但对于生态功能的分析和规划一直停留在定性研讨的层面上。生态价值评估作为一种定量分析的技术手段,为以往经验式、原则式的生态规划提供了更加科学合理的依据,有效克服了定性分析所导致的规划准确性与可信度不足的缺点。另外,其明晰的空间指向性和良好的空间制图能力优势,与风景园林学科的特点相契合,对学科的发展具有重要的推动作用。

第二节　生态系统服务的价值评估理论与方法

价值评估本质上是一个生态绩效的量化计算过程,在这个计算过程中,有两个关键环节,即基于不同评估理论的方法选择和评估计算基础数据的获取与处理。

一、评估方法分类

现有的生态系统服务量化评估方法主要有5~7种,其测度原理、计算过程、研究视角和评估结果都有着很大的差异。下面对这些不同的方法进行分类介绍,以期更好地理解这些评估方法的本质与特征。

1. 价值量法与物质量法

按照评估结果的类型来分,可以分为价值量法和物质量法。这种分类方法最为常见。

价值量法是指以货币,如美元、欧元、人民币(万元)等为衡量单位,来量化表现各类生态系统服务的贡献与作用。价值量法是最早用来量化评估生态系统服务的方法,因在1997年Costanza的论文里被应用而广为人知,并奠定了生态评估和经济核算的研究基础。目前常用的价值量法主要有当量因子法和功能价值法。价值量法的优势是评估结果直观清晰,方便人们理解生态贡献的价值,并便于衡量;同时,不同类型的生态系统服务贡献用统一的货币单位计量,也有利于相互间的横向比较。缺点是计算精度不高,货币汇率的变化会导致价值衡量出现误差。

物质量法是以不同生态系统服务的生态贡献物质量(如固碳的重量值、净化水体的体积值、保护物种的数量等)来量化表现各类生态系统服务的贡献与作用。物质量法中最常用的就是生态模型法。物质量法是随着生态学研究的不断深入,对各种生态过程、生态原理的不断掌握而演化出来的一种评估方法。其优势是计算结果准确,不足是计算用的生态学模型需要较为复杂的生态数据,计算结果不如价值量法直观,不同类型的生态服务物质量无法进行统一的衡量、比较。

同时,按照这个分类标准,也有学者如Daily(1997)将评估结果划分为价值量、物质量、能值量三大类。

能值量的评估方法称为能值法。能值法由Odum提出,是指从生态系统自身能量流动的角度出发,基于能量系统理论,将直接或间接投入生态系统中的有效能总量(以焦耳为单位)与能量间的能量转换率相结合,计算得出生态系统最终能值,以此能值评估生态系统服务的价值。能值法能较好地阐述生态系统服务的能量流动及利用率,目前常被用来描述大尺度研究区生态系统服务价值评估,在城乡生态规划领域应用较少。

2. 主观法与客观法

按照评价过程来分，可以分为主观法与客观法。

主观法主要包括调查问卷法、交流访谈法、专家打分法、矩阵分析法等。对生态系统服务的评估主要依靠对特定群体（如受访者、专家、业主、管理者等）的信息收集、意见反馈、评价感受等方式来评估生态系统服务，即通过人的主观评价来衡量生态系统服务的价值。主观法经常用于文化类的生态系统服务，如审美价值、历史遗存保护、教育等，这些类型的生态系统服务通常很难以客观的方式来衡量价值，其价值也主要体现在对人群的精神影响方面。主观法的优势是适合衡量主体感受类的生态系统服务，缺点是工作量大、评估结果有误差（不同受众间评估会有较大差异）。

客观法是目前生态评估的主要方法，包括生态模型法、当量因子法等，是指按照社会经济发展情况或者生态演化规律，通过相关数据分析与计算，对生态系统服务进行量化评估。评估过程主要依据生态或者社会的发展状态，通过模型计算，进行客观的结果评价，不掺杂主观意愿。客观法的优点是原理清晰、准确度高，缺点是对基础数据要求高。

二、数据的收集与预处理

获取相关数据是整个计算过程的开端和基础，通常也是价值评估中工作量最大的环节，可分为数据采集和数据预处理两个步骤。

1. 数据采集

对于大多数研究区域来说，数据缺乏是生态系统服务量化评估过程中的最大障碍，过于粗糙的数据会大大降低评估结果的准确性与有效性。因此，在量化评估之前，对所需数据进行全面收集和有效处理尤为重要。

数据获取的方式多样，总体来说主要分为以下三大类。

(1)实地调研观测。

实地调研观测获取的数据往往更具针对性和准确性，但也存在因方法不够科学导致的主观性风险，同时需要花费比较多的时间和精力，适合于小尺度区域的研究。

(2)直接调取。

往往是去政府部门及有关组织平台上获取一些定期公布的统计与监测数据，这类数据具有一定的权威性，一般可以直接使用，但也存在数据类型不够全面、精度不高、针对性不强的特点；或者有合适的数据，但需要较为高昂的费用。

(3)借鉴学术成果。

对于某些获取困难的复杂数据，可以考虑借鉴相关学术成果中的已有数据。该方法简单高效，但容易导致忽略地域空间差异，与实际数据存在偏差。

在众多量化评估研究中，某些间接来源的次级数据，如遥感解译数据和社会经济数据，往往比来自实际调查与实验观测得到的原始数据使用的频率要高。

2. 数据预处理

收集到的数据往往还需要进行一定的预处理，以提高数据的精度和评估结果的准确性。不同的数据类型，预处理的方式也不尽相同，通常包括以下3种。

(1)裁剪合并。

一般而言,对于遥感影像数据,常对其进行图像剪裁与拼接、辐射标定、大气校准等处理。

(2)参数率定。

对于借鉴的经验数据,往往需要根据研究区特征,适当改进与校准评估方法中的关键参数,以消除与实际数据的偏差。

(3)归一化处理。

对于不同量纲的多类型数据,需要进行归一化处理,方便进行统一的比较计算。

总体来说,数据预处理的方式多样,需要根据数据类型和研究目的进行选择。

三、5 种价值评估方法

概括来说,生态系统服务价值评估主要有 5 种方法(表 3.1)。

表 3.1 生态系统服务价值评估的 5 种方法

名称	评估方法	所需数据	优点	不足	备注
生态模型法	基于生态作用机理和生态过程分析,建构模型或算法来评估生态价值	各类生态数据;不同生态模型数据差异较大	精度高、可靠度高;能很好地揭示生态过程与机理;通过调整参数可消除空间异质性;方便空间制图	模型开发难度大、数据要求高;计算复杂、难度大;单位不统一、难以对不同服务进行类比	常用模型:InVEST、SolVES、ARIES、RUSLE、SWAT、CASA 等
当量因子法	测算不同景观单元的单位面积的生态价值量作为标准当量值,以当量乘以该生态类型的面积得到价值总量	地表覆被数据;生态数据;社会经济发展数据	数据量要求低;计算方法简单,操作便捷;评估结果直观;可进行不同服务间的类比	静态的测度方法,精度略低;对服务形成机理解释性弱;受货币汇率的影响	常用价值当量表:Costanza,1997;谢高地,2015
功能价值法	核算不同生态功能的总量,对功能总量进行价值换算	社会经济统计数据;问卷调查数据、环境污染损失、工程修复成本	评估结果直观;能对不同类型的服务进行综合与比较	可移植性差;调研量大;评估有较大的主观性	常用方法:实际市场法、替代市场法、虚拟市场法、支付意愿法

续表3.1

名称	评估方法	所需数据	优点	不足	备注
主观参与法	以受访者的主观感受或者主观认知为基础，计量生态价值	调查统计数据；专家打分表	适合计量与个人感受紧密相关的生态服务；适合描绘无法客观表述的生态价值	较高的主观性影响评估结果的精度与稳定性	常用方法：专家评估矩阵法、问卷调查法
能值法	以能量为标准来统一计量生态系统服务的价值	能量投入总量；系统中各类物质、货币、能量的能值转换率	可较好计量系统内的能量流动；可反映生态系统服务物理基础及形成机理	计算复杂，难度较大；解释力弱，一些生态服务与太阳能没有关联	在风景园林学科无应用

(1)生态模型法。

生态模型法是当前应用最多、最主要的方法，是所有评估方法中精度、准确度最高的方法。随着生态学各细分领域研究的不断发展与完善，人们对生态作用机制与原理掌握得日益深入，从而建构、完善了更多的生态学计算模型来进行生态绩效计量。近些年生态模型法不断进步，已超越当量因子法，成为价值评估的最主要方法。

(2)当量因子法。

当量因子法是最早的生态价值评估的方法，奠定了价值评估的基础。目前仍在广泛应用，具有计算简洁方便、数据要求低的特点。国际上，Costanza 于 1997 年、2014 年提出的价值当量表影响最大；在国内，中国科学院的谢高地于 2008 年、2015 年提出的根据中国国情调整后的价值当量表影响最大。

(3)功能价值法。

功能价值法通过市场调查、支付意愿等方法，对生态系统服务的功能进行付费计算。功能价值法计算较为烦琐，不确定性高，可移植性不强。

(4)主观参与法。

对于主观感受类的生态系统服务采用主观参与法最为有效。其评估过程和评估结果都体现出了强烈的主观个体影响特征，不适合评价相对客观、稳定的生态系统服务类型。主观参与法同样存在着不确定性高、可移植性不强的问题。

(5)能值法。

能值法以能量作为计量单位，可以很好地表征生态系统内的能量流动过程；但对于城乡规划和风景园林学科而言，这种计量方式没有什么优势与必要。

四、评估方法的应用场景

通过以上介绍,可知不同的评估方法各有优缺点及适用范围。在进行生态系统服务的价值评估中,需要根据评估对象、评估类型、研究目标、基础条件来采用最合适的方法,概括起来有以下经验分享。

(1)生态模型法。

对于生态过程明确、生态原理清晰、基础数据完备、有精准的生态计量模型的生态系统服务(如雨洪调节、空气净化、碳固存、水体净化、土壤保持等),建议首选生态模型法,其测度结果最为精确。

(2)当量因子法。

对于社会经济影响重大,但生态学原理尚不完备,基础数据不充分详尽的生态系统服务(如粮食生产、气候调节、温度调节),可以考虑采用当量因子法,其计算简便,精度也可以满足要求。

(3)功能价值法。

功能价值法计算结果较为客观、可信;不足之处在于工作量大,计算烦琐,可移植性差,即与生态模型法相比,其计算方法无法迅捷推广到类似的价值评估中。因而,近年来使用功能价值法进行评估的案例在逐渐减少。

(4)主观参与法。

对于文化类的服务(如美学价值、历史文化遗存、教育与科普),因为其评价标准众口难调,评价结果因人而异,所以建议采用主观参与法。需要注意的是,主观参与法精确度与可信度太低,现在已不被采用于严谨的研究工作中。

专家评估矩阵法是主观参与法之一,适用于基础数据不完备、生态学原理不清晰、无法深入评估的研究区域。该方法评估快捷方便,不依赖基础数据,操作性强,但准确性和说服力比上述方法差。其评估结果在很大程度上取决于专家的专业水准和认知。

(5)能值法。

能值法以能量为评估单位,计算过程复杂烦琐,在城市生态规划的研究中亦不适于采用。

五、城市生态规划领域的研究

作者对2016—2022年城市生态规划的研究成果进行了统计、梳理,选取了风景园林学科和城乡规划学科最有代表性的4本期刊进行文献查询,包括《中国园林》《风景园林》《城乡规划》《城市规划学刊》,发现对于生态系统服务研究的文献主要集中在风景园林学科的期刊中(表3.2)。

表 3.2　2016—2022 年城市生态规划研究领域论文统计表

评估方法	论文名称	测度类型	案例尺度
生态模型法	《生态系统服务测度下市域生态空间管控体系构建》(《中国园林》,2019)	调节服务、支持服务	区域
	《基于海平面影响湿地模型的海平面上升影响海岸湿地景观研究》(《风景园林》,2019)	调节服务	区域
	《公园城市理念下森林生态系统服务功能提升》(《风景园林》,2020)	调节服务	区域
	《基于多源数据的北京市第二道绿化隔离地区生态系统支持服务与景观多样性关联研究》(《风景园林》,2021)	支持服务	区域
	《基于多源数据的成渝城市群绿色空间生态系统服务功能供需评价》(《风景园林》,2021)	支持服务	区域
	《基于多重生态系统服务能力指数的生态空间优先级识别》(《中国园林》,2021)	调节服务	区域
当量因子法	《基于高分遥感数据的城市水系廊道生态系统服务价值评估——以北京中心地区水系廊道为例》(《中国园林》,2018)	多项服务	城区
	《漓江流域景观格局演变对生态系统服务价值的影响》(《风景园林》,2020)	多项服务	区域
	《高度城镇化地区土地生态系统服务价值及其镇域空间演变——以苏州为例》(《中国园林》,2020)	多项服务	区域
	《基于生态服务-生态健康综合评估的城市生态保护规划研究》(《中国园林》,2020)	多项服务	城区
	《城市生态空间生态系统服务功能权衡协同及管控研究——以成都东部新城为例》(《风景园林》,2021)	多项服务	区域
功能价值法	《珠三角区域绿道(省立)一号线生态系统服务功能价值评估研究》(《中国园林》,2017)	调节服务	区域
	《武汉市蓝绿基础设施调节和支持服务价值评估研究》(《中国园林》,2019)	调节服务、支持服务	区域
	《城市生态系统服务的量化评估与制图 以德国盖尔森基辛市沙克尔协会地区为例》(《风景园林》,2016)	多项服务	城区
参与法	《基于重要性——绩效表现分析的上海苏州河滨水空间文化性生态系统服务供需关系分析与优化》(《风景园林》,2019)	文化服务	街区与场地

其中有关生态系统服务量化评估的文献一共有 15 篇，案例涉及从微观街区尺度到宏观区域尺度的不同类型。共使用了 4 种量化评估方法，其中使用频率最高的是生态模型法和当量因子法，分别有 6 篇和 5 篇，占总数的 40% 和 33%；功能价值法和参与法使用较少，各有 2 篇。

六、不足与展望

生态系统服务量化评估目前研究成果颇多且已得到了广泛的应用，但还存在以下不足。

(1)指标体系仍不完善。

一方面，由于生态过程的复杂性和人类对生态系统特征认识的局限性，硬性将生态系统服务拆分成互不联系的指标十分困难。另一方面，不同专业背景的研究人员往往只选择自己认为较为重要的核心服务和关键生态因子来自行构建指标体系，对于一些难以直接量化的服务类型也常采用替代指标，主观性较强。因此，当前的量化评估存在指标体系不系统全面、评估结果可比性较差、有效性难以保证的缺点。

(2)评估准确性及精度有待进一步提高。

在准确性上，一方面，由于生态系统服务的空间异质性，直接参考前人经验参数的做法并不能体现地区之间的服务差异；另一方面，生态系统的负面服务在生态系统服务价值评估中少有体现。在精度上，由于数据获取的难度以及评估方法的不完善等，评估结果往往停留在较粗糙的层面上，对决策的指导性有限。

针对以上问题，本书提出如下展望。

(1)进一步加强对生态系统服务的研究与认识。

只有对生态系统服务有了足够的认识和理解，才能构建更加系统科学的评估指标体系，基于生态系统服务形成机理的生态模型才能朝着更加精细化的方向发展。对特定研究区域而言，需要根据研究区域的特征准确地改进与校准评估方法中的关键参数，才能做出更为科学的价值评估。

(2)提高量化评估结果的精度。

量化评估涉及实验数据、监测数据、空间数据及统计数据等，随着技术的发展，应改善数据收集、处理与分析过程的标准化与精度，从而进一步提高量化评估结果的精度。

第三节　生态系统服务的价值评估案例研究

一、全球尺度：Costanza 全球生态资产核算(当量因子法)①

生态系统服务以及提供这些服务的自然资本存量对地球生命维持系统的运作至关重要，它们直接或间接地为人类福祉做出贡献。但是，由于人们对生态系统服务的定性认识

① 本案例来源于本章参考文献[9]。

和浅薄理解,其在商业市场上的价值并没有被完全量化,相对于经济资本而言,它们在政策决策中的权重也往往较低,甚至被忽视,从而造成对自然资源及环境的破坏。因此,对维持人类生存所需的生态系统服务价值进行评估,对于当前和未来的人类福祉以及可持续发展有着重要意义。

生态系统服务的价值评估具有很大的难度和不确定性,本案例创造性地应用当量因子法,首次实现了对全球生态系统服务总价值的货币化估算。为便于统计和分析,本研究首次将全球生态系统服务功能划分为17种类型,共10种生物群系。在综合文献的基础上,估算出每种生态系统类型下各生态系统服务的单位面积价值,得到当量因子评估表(表3.3)。将单位数值与全球每种生态系统的表面积相乘,得到全球生态系统服务价值总量。

表3.3　Costanza所制定的当量因子评估表

类型	气体调节	气候调节	干扰调节	水文调节	水源供给	侵蚀控制	土壤形成	营养循环	废物处理	授粉	生物控制	生境提供	食物生产	原材料生产	基因库资源	游憩功能	文化功能	单位面积总价量
海洋																		577
开放海洋	38							118			5		15	0			76	252
海岸			88					3 667			38	8	93	4		82	62	4 052
海湾			567					21 100			78	131	521	252		381	29	22 832
海草								19 002									19 004	3 801
珊瑚礁			2 750						58		5		220	27				6 075
大陆架								1 431			39		68	2			70	1 610
陆地																		804
森林		141	2	2	3	96	10	361	87		2		43	138	16	66	2	969
热带雨林		223	5	6	8	245	10	922	87				32	315	41	112	2	2 007
温带森林		88		0			10		87		4		50	25		36	2	302
草原	7	0		3		29	1		87	25	23		67		0	2		232
湿地	133		4 539	15	3 800				4 177			304	256	106		574	881	14 785
消涨带			1 839						6 696			169	466	162		658		9 990
沼泽	265		7 240	30	7 600				1 659			439	47	49		491	1 761	19 580
湖泊河流				5 445	2 117				665				41			230		8 498
沙漠																		
苔原																		
冰盖岩石																		
农田										14	24		54					92
城市																		

结果表明,就整个生物圈而言,其价值(其中大部分在市场之外)估计平均每年33万亿美元,是全球GDP的1.8倍。同时,该案例还探讨了在不同、不确定因素下,这一研究结果应作为最低估值,这足以说明生态系统服务的高价值以及对人类福祉的重要支持作用,这一方法和成果奠定了生态系统服务价值量化评估研究的基础。

二、区域尺度:珠江三角洲绿道(功能价值法)①

绿道作为区域生态廊道,具有较高的生态和环境价值,在调节景观结构、连接破碎生境和保护生物多样性方面具有重要作用。近10年来国内关于绿道生态服务功能的研究多以定性研究为主,定量研究较为缺乏。

珠江三角洲区域的绿道建设在国内处于领先地位,已基本建成了连接广佛肇(广州、佛山、肇庆)、深莞惠(深圳、东莞、惠州)、珠中江(珠海、中山、江门)三大都市区的区域绿道网体系,在这样的建设程度下,有必要从区域尺度对珠江三角洲绿道生态服务功能的价值进行评估。

本书以珠江三角洲区域绿道一号线为例,通过功能价值法估算绿道生态系统的调节气候、固碳释氧、保持土壤、涵养水源、净化环境和减弱噪声6项生态服务功能的经济价值,各项评估结果统一以货币为单位。其中调节气候价值使用树木的调温数据,并结合空调机的能耗和电费标准来估算;固碳释氧价值采用碳税法、造林成本法以及氧气市场价格来计算;保持土壤价值通过土壤侵蚀总量和土壤侵蚀的损失(土地损失面积、土壤肥力损失、减少的泥沙淤积量)来体现;涵养水源价值以水库的建设成本来估算;净化环境价值通过恢复和防护费用法中的SO_2治理代价、汽车尾气脱氮治理代价和消减粉尘成本来估算;减弱噪声价值以造林成本法来计算。

结果表明:珠江三角洲区域绿道一号线的生态系统服务功能的总经济价值约为17.8亿元/年,其中调节气候和固碳释氧两项价值占据较大比例;在珠江三角洲区域绿道一号线途经的5个城市中,广州段的服务功能价值最大(表3.4)。

表3.4 珠江三角洲区域绿道一号线生态系统服务功能总价值

生态系统服务功能的经济价值	珠海段	中山段	广州段	佛山段	肇庆段	总计
调节气候/(亿元·年$^{-1}$)	1.161 2	0.452 5	2.331 6	0.567 8	2.134 5	6.641 6
固碳释氧/(亿元·年$^{-1}$)	1.755 1	0.678 6	3.517 7	0.907 4	3.261	10.119 8
保持土壤/(亿元·年$^{-1}$)	0.084 2	0.029 3	0.164 9	0.078 5	0.117 2	0.474 1
涵养水源/(亿元·年$^{-1}$)	0.028	0.072 6	0.175 5	0.041 8	0.104 9	0.422 8
净化环境/(亿元·年$^{-1}$)	0.018 8	0.007 3	0.037 8	0.009 1	0.034 6	0.107 6
减弱噪声/(亿元·年$^{-1}$)	0.005 3	0.002 1	0.010 7	0.002 6	0.009 8	0.030 5
总计/(亿元·年$^{-1}$)	3.052 6	1.242 4	6.238 2	1.601 2	5.662	17.796 4

① 本案例来源于本章参考文献[7]。

三、城市尺度：北京城市绿环（生态模型法）①

快速的城市化建设在促进社会经济快速发展的同时也导致生态环境恶化、动植物栖息地减少等一系列生态问题。建设“绿化隔离地区”是有效引导城市合理布局并满足生态环境保护需求的重要手段。

自2022年起，北京市第二道绿化隔离地区建设正式启动，成为维持首都生态、社会、经济可持续发展的重要区域之一，对于优化北京城市景观格局、构建中心城区绿色生态屏障具有重要意义。然而当前对北京市第二道绿化隔离地区的相关研究多针对其区域发展历程、政策实施状况以及未来管理策略进行宏观分析，对于具体的规划方法也多从政策层面入手归纳，但是对区域提供的自然系统服务功能的时空演变规律的研究尚存在空白。

本案例以北京市第二道绿化隔离地区为研究对象，研究范围总面积约为2 600 km^2，研究时间以2003年为研究起点，以2018年为研究终止点，且每5年为一个研究阶段。使用的数据包括30 m精度多光谱卫星遥感影像数据、DEM数据、NDVI数据、土壤属性数据，以及气象数据（气温、降水、太阳辐射）。首先通过ENVI软件分析处理得到耕地、林地、草地、湿地及水域、建设用地、其他用地6类用地分布，使用ArcGIS对气象数据进行插值处理；然后计算香农多样性指数（Shannon's diversity index, SHDI），使用光能利用率模型（CASA模型）评估北京市第二道绿化隔离地区植被净初级生产力（NPP）功能的时空分布变化，使用InVEST模型中的Habitat Quality评估生境质量变化的时空趋势，使用GWR模型探究景观多样性与生态系统支持服务变化之间的关联以及影响系数的空间差异性。

研究结果发现，2003—2018年区域内整体景观多样性指数呈减少态势，不利于生态系统整体生物多样性的发展。NPP减少区域呈现一定圈层式分布的空间特征，且生境质量变化显著，恶化区域多分布于北京市第二道绿化隔离地区内边缘，提升区域多集中于外边缘。SHDI变化对生态系统支持服务反馈作用相对较弱，但空间异质性特征明显，正影响作用分布区域明显大于负影响作用分布区域，且影响系数变化幅度相对较小。

四、城市尺度：德国盖尔森基辛市（主观评价法）②

德国盖尔森基辛市是一个典型的面临产业转型与城市开发的小型城市，沙克尔协会地区是位于该市中心城区边上的城市棕地，整个区域约有100 hm^2。根据最新的规划，这片城市棕地将转变为集商业、工业、居住和服务产业于一体的综合性城市开发区。如何在保育和提高生态系统和城市景观的前提下进行开发，是盖尔森基辛市面临的一大难题。

为了合理地进行城市开发，本研究采用主观评价法中的专家评估矩阵法，对沙尔克协会及周边影响区域进行了生态系统服务评价。相较于其他主观评价法，专家评估矩阵法是一种快速、低成本且有效的生态系统服务评价方法。具有相关专业背景的参与者、相对完整的评价标准、生态系统服务的明确描述以及比较详细的基本信息，这些因素都能够提升评价结果的可信度，因而得到了广泛的应用。

---

① 本案例来源于本章参考文献[8]。

② 本案例来源于本章参考文献[10]。

本案例通过专家调查评分和土地利用/覆盖(LULC)变化的数据构建了生态系统服务评价矩阵,矩阵的 x 轴为生态系统服务容量,包含4种生态系统服务的19个子项,矩阵的 y 轴为20种不同的城市土地覆盖类型。由当地专家、利益相关者们组成的专家组对每种土地利用类型的生态系统服务容量进行打分(0~5分),分值越高代表此类型用地在这个子项上具有越高的服务能力。打分结束后对数据进行显著性差异校验,反复讨论直至达成一致的结果,得到最终的生态系统服务评价矩阵表(表3.5)。将该矩阵所提供的信息投射到城市空间上,与城市土地覆盖类型相联系,利用ArcGIS进行可视化制图,得到各项服务的评价图,将4种服务的评价图叠加得到最终的生态系统服务评价图。在此基础上划定城市生态系统的提供区、受益区和连接区,为该地区景观规划、城市土地利用开发提供参考和依据。

表3.5 生态系统服务评价矩阵表

城市结构类型	生态系统服务																		
	支持服务	供给服务						调节服务							文化服务		
	生境价值	食物	淡水	观赏资源	遗传资源	能源	生物/医学	气候调节	水分调节	空气质量调节	侵蚀控制	作物授粉	疾病调控	水体净化	游憩和旅游	文化特质	风景审美
围合式住宅	0.1	0.0	0.0	0.0	0.0	0.0	0.0	0.1	0.1	0.1	0.1	0.1	0.1	0.1	0.1	0.5	0.0
联排住宅	0.2	0.2	0.0	0.2	0.2	0.2	0.0	0.2	0.2	0.2	0.2	0.2	0.2	0.2	0.2	0.5	0.1
大型住区	0.3	0.3	0.0	0.5	0.3	0.3	0.0	0.3	0.3	0.3	0.3	0.3	0.3	0.3	0.3	0.3	0.3
半、独栋住宅	0.4	0.5	0.5	1.0	0.5	0.4	0.0	0.5	0.5	0.5	0.5	0.5	0.5	0.5	0.5	0.7	0.5
别墅	0.5	0.8	0.8	2.0	0.8	0.5	0.2	0.8	0.8	0.8	0.8	0.8	0.8	0.8	1.0	1.0	0.8
沟渠	0.5	0.0	1.0	0.0	0.0	0.0	0.0	1.0	3.0	0.1	0.0	0.0	1.5	2.0	1.0	1.0	1.5
湖泊/水塘	2.0	0.2	2.0	0.0	0.0	0.0	0.0	2.0	4.0	0.2	0.0	0.0	1.0	3.0	3.0	2.0	3.0
高度硬化区域	0.0	0.0	0.0	0.0	0.0	0.0	0.0	0.0	0.0	0.0	0.0	0.0	0.0	0.0	0.0	0.0	0.0
广场	0.2	0.0	0.0	0.0	0.0	0.0	0.0	0.0	0.0	0.0	0.0	0.0	0.0	0.0	3.0	3.0	2.0
购物中心	0.0	0.0	0.0	0.0	0.0	0.0	0.0	0.0	0.0	0.0	0.0	0.0	0.0	0.0	0.2	0.2	0.0
公共建筑	0.1	0.0	0.0	0.1	0.1	0.0	0.0	0.3	0.2	0.2	0.0	0.0	0.0	0.0	0.3	3.0	0.5
公共设施用地	0.0	0.0	0.0	0.0	0.0	0.0	0.0	0.0	0.0	0.0	0.0	0.0	0.0	0.0	0.0	0.2	0.0
公园和绿带	2.5	0.5	2.0	1.0	2.0	1.0	1.0	3.0	4.0	3.0	3.0	1.0	2.0	2.0	5.0	4.0	5.0
墓园	3.0	0.0	3.0	0.5	3.0	1.0	1.0	3.0	4.0	3.0	2.0	1.0	2.0	2.0	4.0	5.0	5.0
城市农园	1.5	4.0	1.0	4.0	3.0	2.0	2.0	3.0	3.0	2.0	2.0	3.0	1.0	1.5	4.0	5.0	4.0
运动休闲设施	0.3	0.0	0.0	0.0	0.0	0.0	0.0	0.2	0.2	0.2	0.2	0.0	0.0	0.2	3.0	3.0	1.0
儿童游戏场	0.5	0.0	0.0	0.0	0.0	0.0	0.0	0.3	0.2	0.2	0.2	0.0	0.0	0.2	3.0	3.0	1.5
城市森林	3.0	0.0	3.0	1.0	3.0	4.0	4.0	5.0	4.0	5.5	5.0	4.0	4.0	4.0	4.0	4.0	4.0
工业棕地	1.5	0.0	0.2	0.2	0.5	0.2	0.2	1.0	1.5	0.5	1.0	1.0	0.5	1.0	1.0	3.0	1.0
(行道树)主路	1.5	0.0	0.0	0.2	0.2	0.5	0.5	1.0	0.5	1.0	0.5	0.5	0.5	0.5	2.0	3.0	2.0

五、社区尺度:哈尔滨市曲线社区(当量因子法)①

随着城市化的快速发展,如何缓解和降低城市化带来的负面影响,提高人居环境质量是城市发展面临的重要挑战。城市绿色基础设施可以提供多种生态系统服务,如空气净化、吸碳放氧、微气候调节、雨洪管理、降低噪声、文化娱乐和生物多样性,是提高人类福祉的基础条件,也是促进城市可持续发展的重要渠道。

近十几年来,区域尺度(生态学)的生态系统服务研究取得了许多成果,但随着研究的深入,生态系统服务研究逐渐与其他学科相交叉,城市尺度的生态系统研究研究正受到广泛关注。目前,生态系统服务评价已在宏观区域尺度有许多应用实例,但是在城市尺度的应用上还缺少探讨和实证研究。国内对城市生态服务的研究主要以定性分析为主,缺乏定量计算与分析的手段。

本书以哈尔滨市曲线社区为研究案例,通过构建模型来评估城市绿色基础设施的生态系统服务,主要包括4部分:①因子选取。首先采用MEA的分类方法,将调节服务和文化服务作为城市生态服务计量的主要类型,选择空气净化、固碳作用、降噪效应、降温作用和美景服务作为生态系统服务因子(表3.6)。②参数设定。借鉴主要绿地植物滞尘率的相关分析与数据,量化空气净化能力;固碳作用定义为植物对CO_2的直接吸收作用,量化不同植物群落的固碳能力;根据不同类型植物群落的降噪效果的差别,选定不同绿地的单位降噪系数;借鉴Derkzen的降温效应的权重评价方法和美景服务的评价体系,对绿地降温作用和美景服务进行量化评价。③量化计算。在ArcGIS中建立文件地理数据库与数据属性表,根据设定的参数对5种生态系统服务的物质量进行量化计算(表3.7)。④空间分布制图。以城市道路分割的街区空间作为生态系统服务评价的单元,对曲线社区生态系统服务的物质量空间分布的量化进行图形化表达(图3.1)。

表3.6　生态系统服务因子量化表

绿地类型	空气净化/$(g \cdot m^{-2} \cdot d^{-1})$	固碳作用/$(g \cdot m^{-2} \cdot d^{-2})$	降噪效应/$[dB(A) \cdot 100\ m^{-2}]$	降温作用/权重	美景服务/m^2
乔木	0.492	36.55	—	6.25	2.15
复层结构	0.776	43.09	1.125	14.78	2.9
大灌木	0.449	30.27	2	9.27	2.55
小灌木	0.449	25.23	1.125	9.27	2.55
草坪	0.245	13.12	0.375	4.52	2.55

研究发现,乔木和复层结构是哈尔滨市曲线社区提供城市各项生态服务的主体,地段内各项生态服务的空间分布受绿地分布的直接影响,但呈现出一定的空间差异性。生态系统服务量化计算模型可量化评价城市绿地规划,有助于提升城市环境质量,促进城市绿

① 吴远翔,王瀚宇,金华,等.城市绿色基础设施的生态服务评估模型研究[J].城市建筑,2018,(33):31-34.

地规划精细化和重效益发展。该模型也可用于城市生态分析、绿地管理、规划决策等领域。

表 3.7　曲线社区绿地的生态系统服务量对比表

绿地类型	面积/m^2	所占比例/%	不同绿地类型提供的生态系统服务比例/%				
			空气净化	固碳作用	降噪效应	降温作用	美景服务
乔木	21 297	55.1	63.3	62.6	—	45.5	50.1
复层结构	4 013	10.4	13.8	13.9	21.6	20.2	12.7
大灌木	2 782	7.2	5.8	6.8	30.6	8.8	7.8
小灌木	5 698	14.7	12.9	11.6	44.7	18	15.9
草坪	4 872	12.6	4.2	5.1	3.1	7.5	13.5

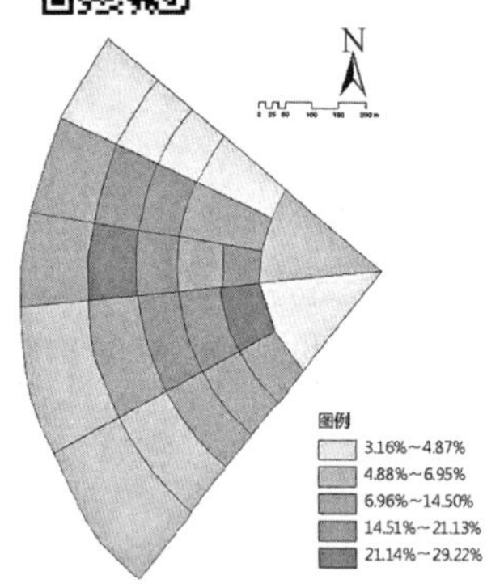

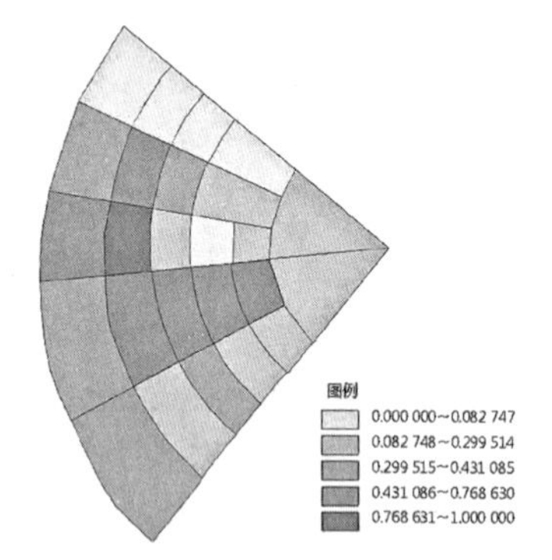

图例
0.000 000~0.038 154
0.038 155~0.224 166
0.224 167~0.410 456
0.410 457~0.626 034
0.626 035~1.000 000

(a) 曲线社区邻里单元绿地率　(b) 曲线社区邻里单元能力空气净化　(c) 曲线社区邻里单元固碳作用

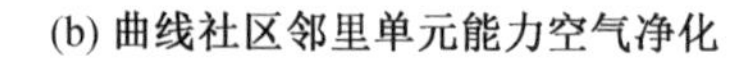

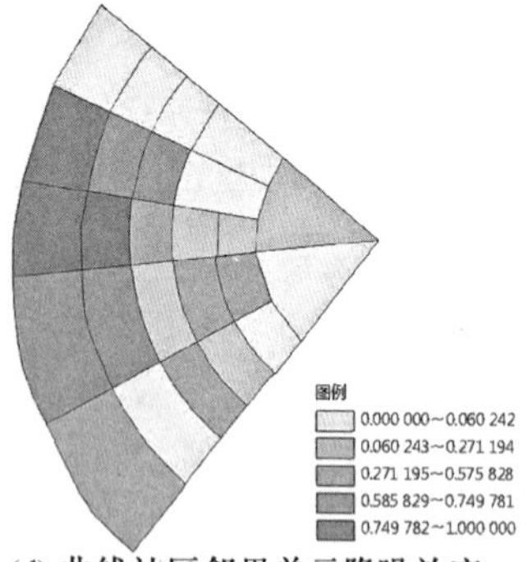

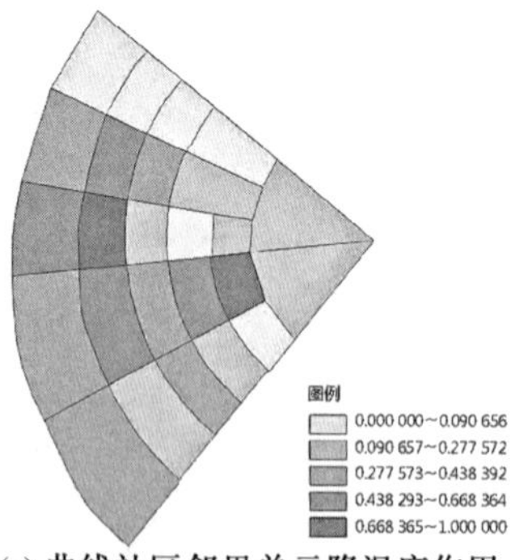

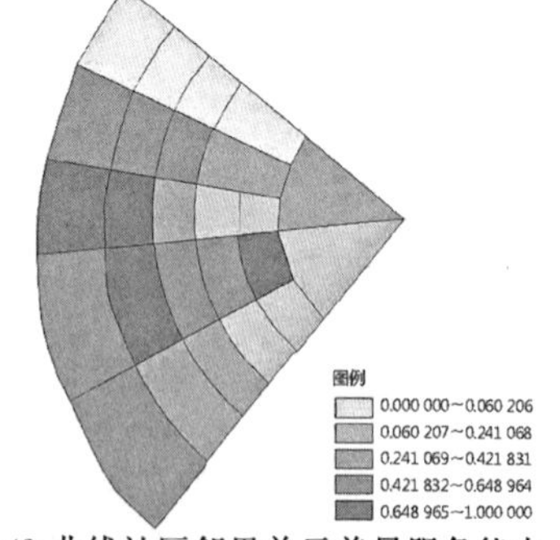

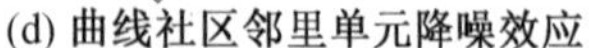

(d) 曲线社区邻里单元降噪效应　(e) 曲线社区邻里单元降温度作用　(f) 曲线社区邻里单元美景服务能力

图 3.1　曲线社区各类生态系统服务空间分布情况

本章参考文献

[1]殷楠，王帅，刘焱序．生态系统服务价值评估：研究进展与展望[J]．生态学杂志，2021，40(1)：233-244.

[2]李丽，王心源，骆磊，等．生态系统服务价值评估方法综述[J]．生态学杂志，2018，37(4)：1233-1245.

[3]郭朝琼，徐昔保，舒强．生态系统服务供需评估方法研究进展[J]．生态学杂志，2020，39(6)：2086-2096.

[4]袁周炎妍，万荣荣．生态系统服务评估方法研究进展[J]．生态科学，2019，38(5)：210-219.

[5]傅伯杰，张立伟．土地利用变化与生态系统服务：概念、方法与进展[J]．地理科学进展，2014，33(4)：441-446.

[6]李方正，彭丹麓，王博娅．生态系统服务研究在景观规划中的应用[J]．景观设计学，2019，7(4)：56-69.

[7]吴隽宇，游亚昀．珠三角区域绿道(省立)一号线生态系统服务功能价值评估研究[J]．中国园林，2017，33(3)：98-103.

[8]葛韵宇，李雄．基于多源数据的北京市第二道绿化隔离地区生态系统支持服务与景观多样性关联研究[J]．风景园林，2021，28(8)：100-105.

[9]COSTANZA R，D'ARGE R，DE GROOT R，et al. The value of the world's ecosystem services and natural capital[J]．Nature，1997，387：253-260.

[10]罗静茹，张德顺，刘鸣，等．城市生态系统服务的量化评估与制图 以德国盖尔森基辛市沙克尔协会地区为例[J]．风景园林，2016(5)：41-49.

[11]吴远翔，王瀚宇，金华，等．城市绿色基础设施的生态服务评估模型研究[J]．城市建筑，2018(33)：31-34.

第四章　生态系统生产总值核算

第一节　生态系统生产总值核算概述

一、发展背景

人类过去在经济社会发展中过分追求经济效益和社会效益，造成严重的自然环境污染、生态系统退化和资源过度消耗等问题。20 世纪以来，国内外许多学者开始对生态系统为人类生存提供的服务功能展开研究，都在探索建立能像国内生产总值（GDP）一样用来衡量生态系统为人类社会提供贡献的核算指标，生态系统生产总值（gross ecosystem product，GEP）的概念由此提出。

GEP 最早由美国俄勒冈州立大学的 R. H. Waring 教授等学者提出，用来描述生态产品价值。之后《环境经济核算体系（SEEA）》将生态系统核算纳入了国内生产总值核算范围，意味着 GEP 核算迈入了一个新的阶段。

GEP 核算有助于深化对生态系统服务价值的认识，引领正确的发展方向，为完善生态补偿机制提供科学依据，为精准发力扶贫脱贫提供决策参考。GEP 可以反映一个地区的生态效益。因此，开展面向生态效益评估的 GEP 核算研究可以用来评估生态效益，推动生态效益纳入经济社会评价体系，提高决策者对生态保护的重视程度，以便将生态系统对人类福祉的贡献纳入政策制定与实施的参考范围。

党的十八大报告提出："要把资源消耗、环境损害、生态效益纳入经济社会发展评价体系，建立体现生态文明要求的目标体系、考核办法、奖惩机制。"习近平总书记关于"绿水青山就是金山银山"的科学论断表明，高质量的森林、草地、湿地等生态资产为人们的生活生产提供了必需的生态产品与服务，产生了巨大的生态效益。生态效益成为我国政治生活的高频词汇，引起学者和社会各界的广泛关注。

二、基础概念：生态资产、GEP、GDP

作为量化生态建设的重要指标，GEP、绿色 GDP 和生态资产（自然资源价值量）等绿色核算指标在媒体报道、政府文件中高频出现，并常与 GDP 进行比较，但几个指标概念混淆、关系不清等问题凸显。厘清 GDP、绿色 GDP、GEP 和自然资源价值量的概念及核算范围，对于进一步理解几个指标间的关系非常必要。

GEP 可以定义为生态系统为人类提供的产品与服务价值的总和，是借鉴 GDP 的概念提出的。GDP 侧重关注经济运行状况，GEP 侧重关注生态系统运行状况。生态资产产生和提供生态系统服务。人类从自然生态系统获得的利益是生态系统服务表达和发挥作用产生的生态效益。GEP 核算的目的是评价与分析生态系统对人类经济社会发展的支持作用,以及对人类福祉的贡献。

人们对于生态系统的价值的认知和表达,是从生态资产的提出和计量开始的。生态资产是指在一定时间、空间范围内和技术、经济条件下可以给人们带来效益的生态系统,包括森林、灌丛、草地、湿地、荒漠等自然生态系统,农田、城镇绿地等以自然生态过程为基础的人工生态系统,以及野生动植物资源。

GDP 是一个国家(或地区)所有常住单位在一定时期内生产活动的最终成果,通俗讲就是常住单位通过生产活动新创造的价值总和。核算范围包括国民经济行业的农业、工业等 19 个门类 35 个行业,涉及社会生产的各个行业。

绿色 GDP 是在现有 GDP 的基础上,扣除资源耗减成本与环境降级成本之后的余额,它反映了一个国家或地区在考虑了自然资源与环境因素以后经济活动的最终成果。

生态资产(自然资源价值量)是指自然资源(土地、林木、水、矿产、海洋等)自身的价值量的总和。

GEP 是指一定行政区域内各类型生态系统在核算期内提供的所有生态产品的货币价值之和(在核算期间生态系统核算区域内所有生态系统类型提供的全部生态系统最终服务的交换价值之和,减去生态系统中间服务净进口),包括物质供给(生物质供给)、调节服务(水源涵养、土壤保持、防风固沙、海岸带防护、洪水调蓄、空气净化、水质净化、固碳、局部气候调节、噪声消减)和文化服务(旅游康养、休闲游憩、景观增值)。

三、国际与国内发展概况

1. 国际发展情况

Boumans 等人(2002)提出了全球生物圈复合模型,计算出了 2000 年的全球生态系统服务功能价值,得出全球的生态系统服务价值是世界生产总值的 4.5 倍。Bram Edens 等(2014)针对荷兰农业、供水行业和工业进行水资源价值核算,得出 2010 年荷兰的水资源价值约为荷兰资产负债表中自然资本价值的 10%。

发达国家和发展中国家都在寻求超越 GDP 的核算指标,以体现生态系统对人类福祉的贡献。2013 年,联合国统计委员会采纳了“环境经济核算体系试验性生态系统核算”。英国在 2011 年组织了 500 多位科学家对英格兰、苏格兰、北爱尔兰和威尔士进行了全面的生态系统评估。澳大利亚的维多利亚省在 SEEA 框架下对土地和生态系统核算的实践进行了总结。

2. 国内发展情况

欧阳志云等人(2013)在我国最先提出 GEP 核算的概念和方法,将 GEP 定义为生态系统为人类生存和发展提供的产品与服务价值的总和,是生态系统产品价值、调节服务价值和文化服务价值的总和。欧阳志云(2013)、杨渺(2019)、张籍(2022)等学者根据不同地区的生态特性构建相应核算体系,分别对我国贵州省、四川省、雅鲁藏布江流域等地区进行了 GEP 核算分析。吉丽娜(2013)、马国霞(2017)、林育青(2023)等学者分别对湿地生态系统、陆地生态系统、水生态系统等不同生态系统类型进行了 GEP 核算,其中马国霞首次提出了绿色黄金指数(GGI),分析了我国31个省(自治区、直辖市)GEP的空间差异。

自党的十八大以来,国家明确要求将生态效益纳入考核指标体系。中央和地方各级政府高度重视GEP的核算研究与实践应用,广大中国学者依托各类研究课题在全国、省域、市域、县域尺度上对森林、草地、湿地等不同生态系统类型开展了大量的GEP试点核算和实践研究,试图为生态保护成效评估、政府绩效考核、生态补偿标准确立提供理论依据。

地方GEP核算与应用试点工作积累了丰富的实践经验。2020年,浙江省发布了首部省级标准——《生态系统生产总值(GEP)核算技术规范 陆域生态系统》,加快推进生态经济化、经济生态化,GEP的核算与考核将从丽水推向全省其他地区。2021年,贵州省在都匀市、赤水市、江口县、雷山县、大方县5个试点市(县)GEP核算试点工作的基础上,发布了贵州省《生态系统生产总值(GEP)核算技术规程》。目前,青海、贵州、海南、浙江、内蒙古等省(自治区、直辖市),深圳、丽水、抚州、甘孜、普洱、兴安盟等23个市(州、盟)以及阿尔山、开化、赤水等100多个县(市、区)已展开了GEP核算试点示范工作。在试点的基础上,生态环境部牵头出台了《生态系统评估 生态系统生产总值(GEP)核算技术规范》等GEP核算标准,为推行GEP考核奠定了工作基础。

第二节　生态系统生产总值核算理论与方法

一、GEP与生态系统服务的关系辨析

1. 二者之间的逻辑关联

从根源上说,二者都源于1997年Costanza在*Nature*发表的计算世界生态系统服务和自然资本的研究中,因此核心内容是比较接近的;从研究时间来看,生态系统服务的整体研究时间相较于GEP核算来说更长;从研究对象来看,生态系统服务主要面向自然生态系统中的若干类别的服务,是一种比较专业的生态学概念,而GEP核算则是一种类比GDP的衍生概念,主要用于量化自然生态系统中可直接或间接计量的价值并以货币形式呈现,是一种更符合社会与自然协调发展及政策制定的经济概念。

联合国发布了《环境经济核算体系(SEEA)》①,用于理解经济和环境之间的相互作用,以及描述环境资产存量及其变化。学者根据SEEA将生态系统核算总结出两个基本部分:一个是生态系统资产核算,另一个是生态系统服务核算。而众多学者认为从数据可得性及核算可实现度来说,生态系统服务核算要优于资产核算。因此,学者们主要基于生态系统服务功能进行生态系统价值核算的相关研究。

2. GEP核算与生态系统服务价值评估

核算GEP,就是分析、评价生态系统为人类生存和福祉提供的产品与服务的经济价值。GEP是生态系统产品价值、调节服务价值和文化服务价值的总和,即生态系统产品

① 《环境经济核算体系(SEEA)》(1993年首次发布,2003年修订)是国际上公认的环境经济标准,它为核算环境及其与经济的关系提供了一个框架。

价值与两项生态系统服务价值的总量。

在生态系统服务功能价值评估中,通常将生态系统产品价值称为直接使用价值,将调节服务价值和文化服务价值称为间接使用价值。GEP 核算通常不包括生态支持服务功能,如有机质生产、土壤及其肥力的形成、营养物质循环、生物多样性维持等功能,原因是这些功能支撑了产品功能与生态调节功能,而不是直接为人类的福祉做出贡献,这些功能的作用已经体现在产品功能与生态调节功能之中,很难直接换算成为货币形式。生态系统服务价值量计算中将各项服务的直接价值和隐形增益都考虑在内,结果可以是单位面积价值,也可以是价值当量,具体以计算方法为准;GEP 核算中通常计算生态系统产品价值、调节服务价值与文化服务价值,结果以货币的形式呈现。

总体来说,GEP 核算与生态系统服务价值量二者相关性极大,计算方法亦有交叉,但并不是包含或并列关系,二者属于不同的概念,所应用的范围与对象也不尽相同,因此应该因地制宜,针对具体问题进行比较。

二、GEP 的核算方法

GEP 核算的目的是对生态系统服务价值进行货币化评价,从而科学地认识生态系统服务的潜在价值,更好地将自然生态保护纳入经济社会发展决策之中。GEP 核算是生态系统服务流量的价值核算,不是对生态资产存量的核算,目前主要的核算内容有物质产品价值、生态调节服务价值和生态文化服务价值。

一般来说,GEP 核算包括如下 3 个步骤(图 4.1):首先,进行功能量核算,结合生态环境、气象、水文等数据,采用生态评估模型等方法,核算生态系统向人类社会提供产品与服务的功能量(表 4.1);其次,进行价值量核算,采用相应的经济分析方法核算各个子项产品或服务的价格,与相应的生态产品功能量相乘,从而得到价值量;最后,将各个子项产品或服务的价值加总,得出生态系统所提供产品和服务价值的总额,也就是 GEP。

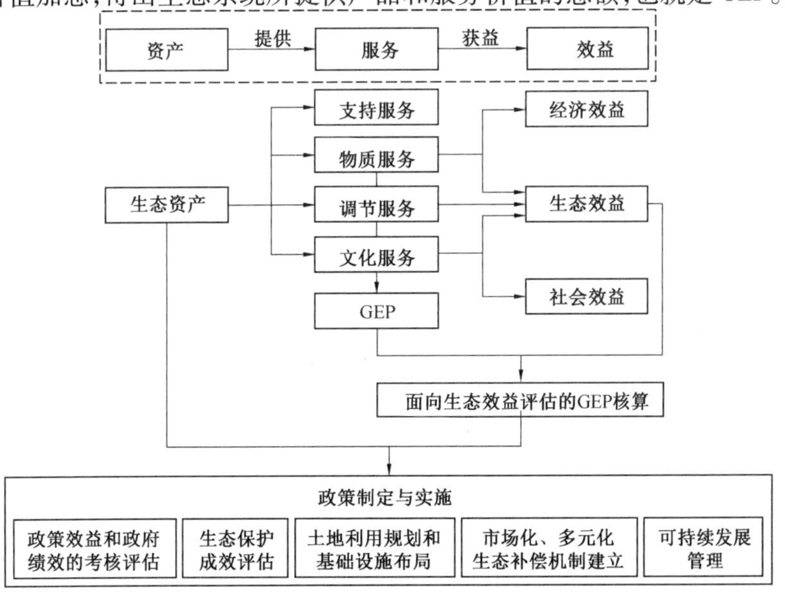

图 4.1　面向生态效益评估的 GEP 核算框架

表 4.1 生态系统服务价值量评估项目与核算方法

类别	评估项目	物质量指标	物质量核算方法	价值量指标	价值量核算方法
调节服务	水源涵养	水源涵养量	水量平衡方程	蓄水保水价值	影子工程法
	土壤保持	土壤保持量	修正通用土壤流失方程	减少泥沙淤积价值 减少面源污染价值	替代成本法
	洪水调蓄	湖泊：可调蓄水量 水库：防洪库容	调节水量法	调蓄洪水价值	影子工程法
	固碳释氧	固碳量 释氧量	遥感模型模拟、质量平衡法	固碳价值 释氧价值	市场价值法、替代成本法
	大气净化	二氧化硫吸收量	植物净化模型	二氧化硫治理成本	替代成本法
		氮氧化物吸收量		氮氧化物治理成本	替代成本法
		工业粉尘减少量		工业粉尘治理成本	替代成本法
	水质净化	减少 COD 排放量	水质净化模型	COD 治理成本	替代成本法
		减少总氮排放量		总氮治理成本	替代成本法
		减少总磷排放量		总磷治理成本	替代成本法
	气候调节	植被蒸腾消耗能量	蒸散模型	植被蒸腾调节温湿度价值	替代成本法
		水面蒸发消耗能量		水面蒸发调节温湿度价值	替代成本法
	防风固沙	固沙量	潜在风蚀量-实际风蚀量	草地恢复成本	恢复和防护费用法
	病虫害控制	病虫害发生面积	统计年鉴	林业病虫害控制价值	恢复和防护费用法
文化服务	旅游休憩	旅游总人数及收入	统计年鉴	景观游憩价值	旅行费用法

三、发展前景与存在的不足

作为先验概念，GDP 已经形成了一套得到国际公认的核算框架、指标体系和核算方法；而根据 GDP 衍生而来的 GEP 核算仍在探索之中，尚未形成得到国际公认和市场认可的核算框架、指标体系和核算方法。目前，GEP 核算框架与 GDP 核算框架是否需要衔接、如何进行衔接，尚未达成国际共识，亟待进一步加强对 GEP 核算框架、生态产品与服务定价理论和方法的研究。

当前，生态服务价值核算仍然是学术界的热点研究领域，GEP 核算仍然面临着严峻的挑战和大量的现实问题，主要问题如下。

第一，当前 GEP 的核算方法乃至生态服务价值的核算方法仍存在一定的分歧，即生态系统服务价值究竟是划分为生态系统类型还是划分为生态系统服务功能类型来进行核算。由于生态系统功能和服务分类的复杂性，生态系统功能和服务存在时空上的动态异质性，功能与服务之间也不一一对应，一些功能与服务难以人为地进行区分和定量描述，为准确计算生态系统服务的价值带来了难以克服的困难。

生态系统服务价值量评估所采用的经济学方法存在局限性。由于只有部分生态系统服务价值能够在市场上显现，且部分生态系统服务价值在市场上难以直接显现，因此必须采用一定的方法测算隐含的价值。不同学者采用不同的经济学方法对不同类型的生态系统服务价值进行测算，但不同的经济学方法均存在各自的优点和不足，并且由于经济学评估方法的不同，评估结果对于不同方法选择的依赖性加大，因此评估结果的可比性下降。生态服务价值因时因地不同，采用市场平均价格与现实世界相差甚远。

要想解决上述问题，就要确定一套国际公认、市场认可的 GEP 核算方法。

第二，当前生态产品价值核算尚未形成公认、科学的评估框架。欧阳志云等提出了 GEP 核算框架；王金南等提出了经济-生态生产总值（gross economic-ecological product，GEEP）核算框架，既做减法（扣除资源消耗、环境损害），又做加法（补充生态效益），强调经济与生态价值的整合。欧阳志云等认为，GEP 是与 GDP 并行的核算指标。高敏雪认为，GEP 作为与 GDP 相对应的生态系统服务流量价值核算指标，应当参照 GDP 的核算原理，设计出一套生态系统供应品和服务供给表与使用表，建立起具有内在一致性、相互匹配的规范的核算体系。

第三，需要科学厘清 GEP 与生态产品价值实现的逻辑关系。GEP 核算的出发点是加强自然资本保护，而不是自然资本的价值转化。GEP 不能直接转化为 GDP，GEP 只有通过生态补偿机制等制度和政策设计，才能使得自然资本的价值得到显现。基于市场机制的生态产业化仅有自然资本是不够的，必须将自然资本、人造资本和人力资本结合起来，才能使生态产品价值在市场上得到显现和认可。要想使 GEP 核算服务于生态产品价值实现，就要在理论上厘清逻辑关联，在实践中明晰政策边界。

第三节　生态系统生产总值核算案例研究

一、GEP 的物质量和服务量核算:浙江省丽水市案例①

1. 研究区概况

丽水市位于浙江省西南部,市域面积 1.73 万 km^2,全市户籍总人口 270 万人,2018 年 GDP 为 1 394.67 亿元。地貌以中山、丘陵为主。全市森林面积 14 024.4 km^2,森林覆盖率为 81.17%,生态本底资源优越。全市有野生植物 3 546 种,野生动物 2 618 种。同时,丽水市还是瓯江、钱塘江、飞云江、椒江、闽江、赛江的“六江之源”。

2. 研究目的

《生态文明体制改革总体方案》明确要求“把资源消耗、环境损害、生态效益纳入经济社会发展评价体系”。10 多年来,丽水市致力于处理好保护和发展的关系,通过实现生态产品价值,努力打通“绿水青山”变成“金山银山”的路径,得到习近平总书记的充分肯定。通过开展 GEP 和生态资产核算,评估“绿水青山”的生态经济价值,监测评估生态保护成效。

3. GEP 核算结果与分析

2018 年,丽水市 GEP 为 5 024.47 亿元,包括生态物质产品、生态调节服务产品与生态文化服务产品三大类(表 4.2)。生态物质产品总价值为 162.86 亿元;生态调节服务产品总价值为 3 636.91 亿元,占全部 GEP 总值的 72.71%;生态文化服务产品总价值为 1 202.18 亿元,占全部 GEP 总值的 24.03%。

表 4.2　丽水市 2018 年生态产品与服务价值

<table>
<tr><th rowspan="2">生态产品与服务类别</th><th rowspan="2" colspan="2">核算科目</th><th rowspan="2">功能量</th><th colspan="2">价值量</th></tr>
<tr><th>价值/亿元</th><th>比例/%</th></tr>
<tr><td rowspan="8">生态物质产品</td><td colspan="2">农业产品/万 t</td><td>205.64</td><td>95.02</td><td rowspan="8">3.26%</td></tr>
<tr><td rowspan="3">林业产品</td><td>木材/万 m^3</td><td>43.60</td><td>19.07</td></tr>
<tr><td>竹子/万根</td><td>4 094.90</td><td>19.07</td></tr>
<tr><td>其他林产品/万 t</td><td>8.57</td><td>19.07</td></tr>
<tr><td rowspan="4">其他产品</td><td>畜牧业产品/万 t</td><td>8.74</td><td>17.79</td></tr>
<tr><td>渔业产品/万 t</td><td>2.47</td><td>3.59</td></tr>
<tr><td>生态能源/亿 kW・h</td><td>45.87</td><td>24.77</td></tr>
<tr><td>盆栽类园艺/万盆</td><td>504.12</td><td>2.62</td></tr>
</table>

① 本案例来源于本章参考文献[11]。

续表4.2

<table>
<tr><th rowspan="2">生态产品与服务类别</th><th rowspan="2" colspan="2">核算科目</th><th rowspan="2">功能量</th><th colspan="2">价值量</th></tr>
<tr><th>价值/亿元</th><th>比例/%</th></tr>
<tr><td rowspan="17">生态调节服务产品</td><td colspan="2">水源涵养/万 m^3</td><td>139.27</td><td>1 197.68</td><td rowspan="17">72.71%</td></tr>
<tr><td rowspan="3">土壤保持</td><td>减少泥沙淤积量/万 m^3</td><td>8.75</td><td>434.38</td></tr>
<tr><td>减少氮面源污染/亿 t</td><td>0.04</td><td>74.66</td></tr>
<tr><td>减少磷面源污染/亿 t</td><td>0.01</td><td>34.87</td></tr>
<tr><td colspan="2">洪水调蓄/万 m^3</td><td>25.67</td><td>220.78</td></tr>
<tr><td rowspan="3">空气净化</td><td>净化二氧化硫/万 t</td><td>0.77</td><td>0.10</td></tr>
<tr><td>净化氮氧化物/万 t</td><td>0.36</td><td>0.55</td></tr>
<tr><td>净化工业粉尘/万 t</td><td>4 983.11</td><td>74.75</td></tr>
<tr><td rowspan="3">水质净化</td><td>净化 COD/万 t</td><td>2.08</td><td>0.29</td></tr>
<tr><td>净化总氮/万 t</td><td>0.43</td><td>0.08</td></tr>
<tr><td>净化总磷/万 t</td><td>0.03</td><td>0.01</td></tr>
<tr><td rowspan="2">固碳释氧</td><td>固碳/万 t</td><td>0.02</td><td>2.93</td></tr>
<tr><td>释氧/万 t</td><td>0.05</td><td>40.45</td></tr>
<tr><td>气候调节</td><td>吸收热量/亿 kW · h</td><td>2 903.43</td><td>1 547.78</td></tr>
<tr><td colspan="2">森林病虫害/亿亩</td><td>0.10</td><td>8.10</td></tr>
<tr><td>生态文化服务产品</td><td colspan="2">休闲旅游
/(万人 · 年$^{-1}$)</td><td>10 422.93</td><td>1 202.18</td><td>24.03%</td></tr>
<tr><td colspan="3">合计</td><td></td><td>5 001.95</td><td>100.00</td></tr>
</table>

丽水市 GEP 从 2006 年的 2 096.31 亿元增长到 2018 年的5 001.95 亿元，增加了 2 905.64 亿元，按可比价格计算，增加了 101.49%，分析结果如下。

(1)自然生态系统面积。2017 年丽水市自然生态系统面积为 14 765.7 km^2，其中森林面积为 14 116.0 km^2，占自然生态系统总面积的95.6%；灌丛面积为256.7 km^2，占比为 1.7%；草地、水体面积分别为 194.3 km^2和 171.9 km^2，占比分别为 1.3% 和 1.2%。

(2)自然生态系统质量(表 4.3)。丽水市优、良级森林生态系统面积分别占森林总面积的14.3% 和 23.7%；中级及以下等级森林面积占 62.0%。优级和良级灌丛生态系统面积为 104.2 km^2，占灌丛总面积的 40.6%。草地生态系统以优级为主，优级草地面积占比为 88%。水体生态系统均为良级以上，优级比例 29.0%，良级比例 71.0%。

(3)生态资产指数。2006—2017 年丽水市生态资产综合指数从 7.49 增长到 9.54，提高了 27.46%。其中，森林生态资产面积的增加及其质量的提高使森林生态资产指数增加了 25.95%；灌丛生态资产虽然质量提升，但是面积有所下降，使得灌丛生态资产指数有所下降，降幅为 17.1%；草地生态资产虽然面积有所减少，但是质量大幅提升，草地生态资产指数下降了 63.48%。通过生态保护与恢复，丽水市的生态资产指数持续提高，森林生态资产构成比例上升,生态资产存量持续增加,生态资产结构有所改善。

表 4.3　丽水市生态系统质量

生态资产类型	面积 /km^2	优级比例 /%	良级比例 /%	中级比例 /%	差级比例 /%	劣级比例 /%
森林	1 411.60	14.30	23.70	33.70	11.50	16.80
灌丛	256.70	15.60	25.00	29.40	9.10	20.90
草地	194.30	88.00	10.30	1.50	0.20	0.00
湿地	171.90	29.00	71.00	—	—	—

二、生态保护绩效评估:英国涅内河谷 GEP 核算①

1. 研究区概况

涅内河谷(Nene Valley)位于英格兰东部、剑桥郡最大城市彼得伯勒,其中心是一系列被淹没的砾石坑。过去几十年的工业砾石开采形成了这些砾石坑,而现在,这些砾石坑构成了一个湿地栖息地网络,其中栖息了大量野生动物。涅内河谷是欧洲联盟(以下简称欧盟)《鸟类指令》指定特别保护区(SPA),重要性得到了国际认可。2012 年,涅内河谷被英国政府评为自然改善区。涅内河谷的生态地位至关重要,它为人们提供了多种生态系统服务。

2. 研究目的

本研究对涅内河谷提供的 3 种生态系统服务进行了货币估值,包括碳服务、昆虫植物授粉服务和娱乐性参观服务。通过计算这些服务的货币价值,将生态系统服务转换为货币量,更直观地展现出涅内河谷在实施 Nene Valley NIA②栖息地保护项目实施后的生态价值量变化,体现了涅内河谷的生态重要性,加深了人们对自然环境对于人类和经济重要性的理解。

3. 生态系统服务价值量计算

碳储量用涅内河谷中每个栖息地的土壤和植被的平均碳含量计算。年固碳量(从大气中吸收的碳量)根据林地的数量和组成以及这些林地的碳吸收率计算,二者加总后使用从各种来源整理的碳价格转换为货币价值。昆虫授粉的价值基于该地区可耕地作物和果园果实的产量,计算如果不授粉将损失的产量比例。娱乐性参观的价值计算方法为每年的参观次数乘以每次参观在停车场、食品和饮料、入场费和汽油等项目上的平均花费。

计算步骤以碳价值总量为例:

(1)根据不同地理信息综合创建详细的该栖息地地图(生态服务基础地图)。

---

① 该案例来自 Nene Valley Nature Improvement Area 官方网站:www. wildlifebcn. org/nene-valley-nia。

② 全称 Nene Valley Nature Improvement Area,是英国政府 2012 年采取的自然保护举措之一。

(2)根据英国碳储量值的系统文献综述给每个栖息地分配一个碳储存值(该文献结合植被和顶部30 cm土壤中的碳储存比较了不同土地利用类别内的碳储存测量值)。

(3)使用EcoServe创建一个10 m×10 m的碳储存吨数统计光栅,将其转换为基于整数的光栅。使用Nene Valley NIA项目外3 km缓冲区、涅内河谷上游砾石坑边界范围矢量数据,利用ArcGIS提取相关数据。

(4)列出每个碳储存类别内的栖息地数量。将碳储存量乘以面积,并将总和相加,得出3个研究地点中每个研究地点的碳储量总量。不同来源的碳价值差异比对见表4.4。

表4.4　不同来源的碳价格差异比对

价值来源	单价/(英镑·t^{-1})
欧盟排放交易计划价格(2015年)	6.30
英国底价(2014年)	9.55
英国政府2020年碳价目标(2014年)	30.00
林地碳单价(2014年)	6.00
建议碳单价(2014年)	44.00
碳社会成本总体分析(2012年)	36.00
英国政府成交价格	4.48
英国政府未成交价格	61.00

通过建议实施Nene Valley NIA项目中的"栖息地的创建和恢复",涅内河谷内荒芜的牧场可以转化为43.5 hm^2物种丰富的草地,而耕作地经过退耕还林种植后可形成3.1 hm^2阔叶林地。据估计,随着时间的推移,这些新创建或经过生态恢复的栖息地的碳储量比以前的土地使用类型增加1 784 t,相当于新固存了4 546 t二氧化碳。计算可得,通过实施Nene Valley NIA项目,碳储存价值增加了39 300英镑。

4. GEP核算结果评估和讨论

综合每一项生态系统服务功能量、价值量与价值总量可以看出,涅内河谷的生态系统服务具有很高的货币价值(表4.5)。其中,娱乐服务价值极高。固碳服务价值相对较低,这反映了研究区的碳价格(所选价格)较低,并且该地区林地覆盖率相对较低。

总体估价仅考虑了3种可以直接转换货币量的生态系统服务,除此之外,涅内河谷的自然环境还提供了一系列其他尚未进行货币转换的服务,其中包括减少下游洪水风险的洪水蓄水、空气质量调节、水质调节、审美享受以及改善健康和福祉等。如果对这些和其他生态系统服务进行货币价值评估,那么涅内河谷自然环境的总体价值将比上述数字更大,这再次印证了涅内河谷的高生态价值。

表4.5 涅内河谷生态系统服务估值汇总表

生态系统服务价值	Nene Vally NIA 项目	Nene Vally NIA 项目外 3 km 缓冲区	涅内河谷上游砾石坑
自然碳储量:			
碳储量/t	3.50	14.97	80 000
实施 NIA 项目后增加的碳储量	1 784 t 碳,价值 39 300 英镑		
年生态系统服务流(英镑 · t^{-1}):			
固碳服务	67 800	388 000	2 410
授粉服务	1 901 000	7 764 000	59 800
娱乐服务	116 700 000	178 200 000	10 850 000
生态系统服务流年总价值	118 700 000	186 300 000	10 910 000

本章参考文献

[1]黄子慧, 丛日玉. 生态系统生产总值(GEP)核算研究综述[J]. 产业创新研究, 2023(4): 93-95.

[2]欧阳志云, 朱春全, 杨广斌, 等. 生态系统生产总值核算: 概念、核算方法与案例研究[J]. 生态学报, 2013, 33(21): 6747-6761.

[3]BOUMANS R, COSTANZA R, FARLEY J, et al. Modeling the dynamics of the integrated earth system and the value of global ecosystem services using the GUMBO model[J]. Ecological Economics, 2002, 41(3): 529-560.

[4]EDENS B, GRAVELAND C. Experimental valuation of Dutch water resources according to SNA and SEEA[J]. Water Resources and Economics, 2014, 7: 66-81.

[5]马国霞, 於方, 王金南, 等. 中国2015年陆地生态系统生产总值核算研究[J]. 中国环境科学, 2017, 37(4): 1474-1482.

[6]陈默, 林育青, 张建云, 等. 水生态系统生产总值核算体系及应用[J]. 水资源保护, 2023, 39(1): 234-242.

[7]COSTANZA R, D'ARGE R, DE GROOT R, et al. The value of the world's ecosystem services and natural capital[J]. Nature, 1997, 387: 253-260.

[8]张琦. GDP与绿色GDP、GEP和自然资源价值量关系研究[J]. 中国统计, 2023(1): 11-14.

[9]石敏俊, 陈岭楠. GEP核算: 理论内涵与现实挑战[J]. 中国环境管理, 2022, 14

(2)：5-10.

[10]侯鹏，付卓，祝汉收，等. 生态资产评估及管理研究进展[J]. 生态学报，2020，40(24)：8851-8860.

[11]欧阳志云，林亦晴，宋昌素. 生态系统生产总值(GEP)核算研究——以浙江省丽水市为例[J]. 环境与可持续发展，2020，45(6)：80-85.

[12]ROUQUETTE J. Valuation of ecosystem services in the Nene Valley Nature Improvement Area[J]. 2015,30(1):1-13.

第五章　生态系统服务空间制图

第一节　生态系统服务空间制图概述

一、生态系统服务空间制图:生态系统服务空间属性研究的重要工具

生态学是研究生态系统中各种生态过程以及所涉及的生态原理的科学。其中,一些生态过程与空间密切相关,而另一些与空间属性的关联则相对较小。生态系统服务作为生态过程的表达和人类利用生态系统的结果,与空间过程密切相关。因此,生态系统服务空间制图是生态系统服务研究领域的重要组成部分和分析工具。

通过生态系统服务空间制图,我们可以进行如下工作。

(1)空间分布模式分析。

通过制图,我们可以观察和分析不同地区生态系统服务的空间分布模式,了解其地域差异性和影响因素。

(2)空间关联性研究。

通过制图和空间分析,我们可以揭示生态系统服务之间的空间关联性,探讨其相互作用和依赖关系。

(3)生态过程与空间格局关系研究。通过将生态过程与空间属性相结合,我们可以研究生态系统服务在不同空间尺度上的变化规律,探讨生态过程对空间格局的影响。

(4)空间规划和管理。

通过生态系统服务空间制图,我们可以为空间规划和生态环境管理提供科学依据,有助于合理利用和保护生态系统资源。

综上所述,生态系统服务理论在研究空间属性方面相比其他生态学研究更为深入和全面。生态系统服务空间制图能为生态规划提供数据支撑和可视化选择,尤其是宏观尺度的指导性更为直接。因此,生态系统服务空间制图是生态系统服务研究的重要内容,也是深入探讨生态空间作用机制的重要手段。

生态系统服务空间制图是根据决策需求,利用不同的生态系统服务评价方法,对特定时空尺度上生态系统服务种类的组成、数量、空间分布和相互关系等综合特征以及各种自然-社会因素影响下的情景变化特征进行定量化、可视化描述的过程。

通过对研究区生态系统服务综合特征进行定量、直观、可视化及时空变化详细描述的定量可视化表达,使得决策者能权衡利弊,最终制定出符合自身区域需求的、可持续的自然资源利用决策,从而进行合理的空间规划和资源管理。科学编制生态系统服务空间制图有助于识别生态系统冷热点区域及空缺区域。生态系统服务空间制图结果可以用于制

定自然资源管理政策、生态保护计划、生态环境修复措施、土地利用规划、国土空间规划等，从而实现可持续发展和生态环境保护。

二、生态系统服务空间制图的分类

生态系统服务空间制图研究主要着眼于生态系统服务供给制图、需求制图、权衡协同情景分析制图几个方面。

(1)供给制图。

生态系统服务供给制图研究多着眼于区域、国家尺度上，其中调节服务是最多被制图研究的服务类型。相对于来自实际调查实验的原始数据，学者们多利用缺乏实际验证的次级数据(如遥感数据、土地利用数据、社会经济数据等)来进行生态系统服务供给的制图分析，但是鲜有文章对自己的评价结果进行可靠性验证。

(2)需求制图。

生态系统服务需求制图研究涉及识别使用生态系统产品与服务的受益者对生态系统服务产品的需求情况方面，通过需求分布、需求量及受益者所处的位置等来进行描述。

(3)权衡协同情景分析制图。

生态系统服务制图研究不仅要对生态系统服务的供给与需求在不同时空尺度上的变化特征进行量化制图描述，还必须对人类影响下的生态系统服务各类型之间的相互关系进行很好的制图表达。

三、生态系统服务空间制图的发展与应用

生态系统服务空间制图在政策支持、技术进步、跨学科合作、多尺度和可视化等方面都具有广阔的应用前景与发展潜力。

(1)政策支持——应用需求增加。

随着对生态环境保护和可持续发展的认识增强，政府和组织对生态系统服务的评估和管理需求逐渐增加。政策支持将推动生态系统服务空间制图在政府决策和规划中的广泛应用。

(2)技术进步——数据可用性提高。

随着地理信息系统(GIS)和遥感技术的不断发展，获取、处理、分析大量的空间数据变得更加容易和高效。同时，开放数据和开源软件的兴起也为生态系统服务空间制图提供了更多的数据来源和工具支持。

(3)跨学科合作——方法创新。

生态系统服务空间制图需要融合生态学、地理学、生态经济学等多个学科的知识和方法，未来将不断促进跨学科合作，推动创新的制图方法和模型的发展，使得制图结果更加准确和可靠。

(4)多尺度——区域适应性。

生态系统服务的时空分布在不同尺度和地区具有差异性、变化性。未来将更加关注多尺度制图和区域适应性，以满足不同地区和决策层面的需求。

(5)可视化——公众参与。

生态系统服务空间制图结果的可视化呈现对于公众参与和环境教育非常重要。未来将注重把制图结果以直观和易懂的方式传达给公众,并鼓励公众参与决策过程,提高对生态系统服务的认知和保护意识。

第二节 生态系统服务空间制图理论与方法

一、生态系统服务空间制图的本质与核心要素

生态系统服务空间制图的本质是将生态系统服务的信息数据以空间维度进行表达和可视化,将数据与地理坐标系统相结合,以便于在地图或其他空间表示形式中显示生态系统服务的分布特征、空间差异和变化趋势。

生态系统服务空间制图的核心要素有两个,即生态数据与数据处理平台。

1. 生态数据

生态系统服务空间制图需要多种数据来描述和量化生态系统服务的时空分布,数据是空间制图的基础。常见的数据类型如下。

(1)高分辨率遥感影像。高分辨率遥感影像可以提供详细的地表信息,包括土地利用/覆盖情况、植被状况、建筑物、道路等。

数据来源:美国地质调查局地球探险家(USGS Earth Explorer)、Sentinel 开放式访问中心、美国宇航局地球数据搜索(NASA Earth Data Search)、NOAA 数据访问查看器、Digital Globe 开放数据计划、JAXA 的全球 ALOS 3D 世界、全球地表覆盖(FROM-GLC)数据集、资源环境科学与数据中心等。

(2)雷达数据。雷达遥感可以穿透云层和植被覆盖,提供地表形态、土壤湿度、海岸线变化等信息。雷达数据能够弥补光学遥感数据的不足,对于一些复杂地形和植被覆盖密集的区域具有一定优势。

数据来源:美国地质勘探局(USGS)、美国国家海洋与大气管理局(NOAA)、美国国家生态观测网(NEON)等。

(3)热红外遥感数据。热红外遥感数据可以测量地表或物体的热辐射,从而提供关于地表温度、建筑能效、植被蒸散等信息,对于评估气候调节、冷热岛效应等生态系统服务具有重要作用。

数据来源:星载热红外传感器。相关卫星平台主要有 EOS(美国)、NOAA(美国)、Landsat(美国)、HT-1A/B(中国)、IRMSS(中巴)等。

(4)气象气候数据。气象气候数据包括降水量、温度、湿度、风速、风向等气象因子。

数据来源:地理遥感生态网、地理空间数据云(2000 年全球土地覆盖计划、欧空局全球陆地覆盖数据)、地理科学生态网、World Clim、Applied Climate Science Lab、Climate Data Store、ERA5、中国区域地面气象要素驱动数据集(1979—2018 年)等。

(5)DEM 数据。DEM 数据可以用于计算坡度、坡向、流域边界、水流方向、流量累积等地形参数。

数据来源:2000—2020 年中国 30 米年最大 NDVI 数据集、Google Earth Engine——NASA DEM、图新地球高精度 DEM 离线资源包、ASTER 全球数字高程模型等。

(6)土壤数据。土壤数据包括土壤类型与质地数据、土壤碳含量数据等。

数据来源:国家地球系统科学数据中心、FAO 世界土壤数据库、地理遥感生态网、USDA-NCSS 的土壤调查数据、世界土壤数据库(HWSD Database)等。

(7)社会经济数据。社会经济数据反映了人类活动对生态系统服务的需求和利用程度,如人口分布、经济发展水平、旅游活动等。

数据来源:国家统计局、CDC(清华大学中国经济社会数据中心)、社会学人类学中国网、G-Econ、中国 GDP 空间分布公里网格数据集、SEDAC-社会经济数据应用中心等。

通过整合并处理上述数据,可以识别和分析各地区的生态系统服务类型、数量、质量和空间分布。这些数据能够帮助我们更好地了解和管理生态系统服务,为环境保护和可持续发展提供科学依据。

2. 数据处理平台

生态系统服务空间制图可以使用多种数据处理平台来进行数据处理、分析和制图,常见的数据处理平台如下。

(1)ArcGIS。ArcGIS 是一套由 Esri 开发的专业地理信息系统(GIS)软件。它提供了广泛的工具和功能,可用于处理和分析各种地理数据,包括生态系统服务数据。ArcGIS 具有强大的地理分析能力和数据可视化功能,作为生态系统服务制图过程中的重要工具,它能综合多源数据类型,数据输入方便快捷、图像融合功能强大、制图效果易于调整,能够面向决策需求,快速有效地集成多种评估制图方法,因此可以更好地服务于生态系统服务空间制图研究。

(2)QGIS。QGIS 是一款开源的地理信息系统软件,具有类似于 ArcGIS 的功能。QGIS 支持多种数据格式和地理处理算法,可用于处理生态系统服务数据,并生成相应的制图结果。

(3)ENVI。ENVI 是一款专业的遥感图像处理和分析软件,它提供了高级的遥感数据处理和图像分析功能,适用于处理与生态系统服务相关的遥感影像数据。ENVI 可以提取植被指数、土地利用类型等参数,并生成相应的制图产品。

(4)Google Earth Engine。Google Earth Engine 是一个云端平台,提供了大规模遥感影像和地理空间数据的存储、处理和分析功能。它可以用于处理大规模的生态系统数据,并利用其强大的计算能力进行高效的数据分析和制图。

(5)R 语言。R 语言是一种强大的开源编程语言,广泛应用于统计分析和数据可视化。在 R 环境中,有许多专门用于地理空间数据处理和分析的软件包,如 ggplot2、Spatial 和 raster 等。使用 R 语言可以进行高度定制化的生态系统服务空间制图和分析。

这些数据处理平台都提供了丰富的工具和功能,能够满足不同需求的生态系统服务空间制图任务。选择适合自己需求和技术水平的平台,并掌握其基本操作和功能,将有助于高效地处理和分析生态系统服务数据,生成最适于研究本身的制图结果。

二、生态系统服务空间制图流程

1. 数据准备

通过对最初的决策需求的分析，收集决策制定区的自然-社会综合特征数据。获取数据的种类多少依据具体研究问题而定。由于量化结果主要依赖于研究区域数据的可得性，加之不同数据来源导致的精度和空间分辨率不同，为了便于之后空间制图的顺利进行，通常需要综合分析所有空间数据，对获取到的原始数据进行预处理，以确保数据质量和一致性。这可能涉及校正、辐射定标、坐标转换、数据格式转换等。例如，遥感影像数据可能需要进行大气校正、几何校正和影像融合等处理步骤。

2. 确定制图单元

制图单元指的是在特定范围内对生态系统服务进行统计与整合的空间单元，用于展示生态系统服务在空间上的分布和格局，并通过与生态规划管控单元的对接，将制图单元内的评价结果转化为实践中的空间参考信息。本书将现有生态系统服务空间制图单元归纳为4种常见类型——地理/生物物理单元、行政/管理单元、土地利用单元和具有具体规划/设计/分析目的的单元，以及3种单元规模——场地级（街区级）、城市级和区域级（表5.1）。生态系统服务空间制图选用的制图单元可根据实际研究目的而定。

表5.1 生态系统服务空间制图单元类型与单元规模

特征指标	次级组成分类	解释说明
制图单元类型	①地理/生物物理单元 ②行政/管理单元 ③土地利用单元 ④具有具体规划/设计/分析目的的单元	类型②特指不同级别的行政区划单元（区、乡、县、镇、市、省等），以及用于特殊管理目的的单元（如森林管理单元、保护区等）； 由于类型③是研究中常用的单元类型，因此特别列出，单独统计； 类型④是指在现实中经人为规划或设计限定的单元，以及在研究中出于特定分析目的而生成的单元
制图单元规模	①场地（site）级 ②城市（local）级 ③区域（regional）级	由于大部分研究没有提供对制图单元面积的量化描述信息，因此按照对面积量值的估计，从定性的角度对生态系统服务制图单元的规模进行分类，即 ①场地级：屋顶、城市绿地、街区、教区； ②城市级：市级以下行政单元（县、区、镇、森林管理单元）、中小型同质性景观单元、小/子流域单元、土地利用单元； ③区域级：市级及以上行政单元（市、省）、生态功能/保护区、社会经济分区、流域、大型同质性景观单元

3. 输入数据处理平台

把经过预处理、融合、计算和分析的数据输入数据处理平台，将生态系统服务指标与地理空间和时间维度进行关联。在平台中，用户可以进一步处理数据，进行空间统计、模型调整和可视化设置等操作。需要注意的是,具体的数据输入流程可能因使用的数据处理平台、数据格式和分析方法而有所不同。在实际应用中,需要根据具体需求和平台要求进行数据准备与输入的相应处理。

4. 出图参数调节

根据分析结果,生成生态系统服务的空间分布图,预览后可以根据研究需求进行调整。

(1)制图样式:包括颜色方案、符号大小、线型等。

(2)渲染方法:选择适当的渲染方法以呈现生态系统服务的空间分布。常用的渲染方法包括等值线图、热力图、栅格渲染等。

(3)数据分类和分级:将数据按照一定的分类或分级方式进行处理,以突出不同数值范围的差异。可以使用等距分级、自然裂点分级、等数量分级等方法进行数据分类和分级。

(4)色带设置:对颜色带进行调节,以突出生态系统服务的变化趋势。可以选择适合特定生态系统服务的颜色带,如使用绿色渐变来显示植被覆盖度。

(5)图例设计:设计图例,说明制图中使用的颜色或符号与具体数值之间的关系,以便用户理解。

(6)输出格式和分辨率:确定输出图像的格式(如 PNG、JPEG)和分辨率,以满足特定需求,如打印、在线共享等。

第三节　生态系统服务空间制图案例研究

生态系统服务空间制图的评估方法多种多样,根据不同的决策需求,综合多源数据,建立可靠的量化评价方法进行图像化表达,是生态系统服务空间制图研究的核心内容。学者们结合各自研究区域的特殊环境特征,对多种生态系统服务类型的供给需求特征进行了空间制图,其结果为区域保护决策与管理规划的制定提供了很好的辅助作用。

不同尺度的生态系统服务空间制图的数据来源、生态模型、数据处理方法、制图参数调整都有较大的差异。本书选取了生态规划空间制图的 3 个常用尺度,即区域尺度(城区以上的研究范围)、城市尺度(城市建成区、主城区范围)、街区尺度(城区内街区单元、社区单元范围)的典型案例进行说明。

一、区域尺度:西南喀斯特区生态系统服务的空间流动①

1. 研究区概况

西南喀斯特区是我国典型的生态脆弱区,包括四川、重庆、湖北、湖南、云南、贵州、广东和广西 8 个省(直辖市),占地面积约 193 万 km^2,气候类型为典型的亚热带季风气候。由于喀斯特区自身脆弱的生态条件,加之人为干扰和资源的不合理利用,区域内生态环境

① 本案例来源于本章参考文献[8]。

退化，自然灾害频发，产生严重的水土流失和石质荒漠化现象，极大地破坏了生态系统的结构和功能，威胁着人类的生存和发展。

2. 研究问题

基于现实需求背景和区位情况研究各生态系统服务之间的空间流动，选择土壤保持服务、固碳服务和产水服务3种生态系统服务类型，分别运用RUSLE、CASA、InVEST 3种生态模型精准核算2000—2015年3种生态系统服务的供给量，对3种服务的需求进行量化和空间化，通过空间制图结果揭示生态系统服务供需数量关系和空间匹配特征，最终确定生态系统服务的供给区、需求区以及服务流的传输路径和流量，为生态补偿、国土空间规划、生态系统服务付费提供科学依据和理论支撑，实现喀斯特区生态可持续发展。

3. 制图要点与结果应用

本案例所用基础数据主要包括：①气象数据：气象站太阳辐射、降水量、温度、风速和风向数据。②NDVI数据：空间分辨率为250 m。③土地利用数据：年份为2000、2005、2010和2015，空间分辨率为1 km。④土壤数据。⑤DEM数据：空间分辨率为30 m。⑥社会经济数据。将所有空间数据统一为Albers投影，空间分辨率为1 km。

研究过程分为以下4步。

（1）对研究区域进行生态系统服务供给量时空变化分析。制图结果可用于评价生态系统服务单年份与平均年份供给量核算估值、2000—2015年的供给量变化趋势、高供给区域识别与空间分布格局变化程度。

（2）对研究区域进行生态系统服务需求量时空变化分析。制图结果可用于评价生态系统服务单年份与平均年份需求量核算估值、2000—2015年的需求量变化趋势、需求量变化排名、高需求区域识别与空间分布格局变化程度。

（3）对研究区域生态系统服务供需平衡进行分析。制图结果可以用于核算单个年份供需指数、判断供需比的变化趋势、得出供需评价结果（供不应求或供大于求或供需平衡）。

（4）对研究区域的生态系统服务流空间变化进行空间制图结果表达。制图结果可以用于评价生态系统服务流量等级、高服务流、中等服务流、低服务流的时空转换与空间分布。

二、城市尺度：基于公平性评价的西安市生态系统服务空间格局①

1. 研究区概况

西安市是国家森林城市、国家园林城市，面积为10 108 km^2。但近年来西安市雾霾频发、高温天气持续，对其绿地的生态系统服务价值进行评价刻不容缓。从绿地分布情况来看，西安市成片状的较大绿地斑块数量较少，以分散零碎的小型绿地斑块类型为主，其格局的不均衡导致生态效益具有明显的差异化。

① 本案例来源于本章参考文献[9]。

2. 研究问题

本研究基于现实需求背景与区位情况研究城市绿地生态系统服务格局,针对当前存在的气候环境问题和城市绿地格局分布问题,选取了生物多样性、净化空气、固碳释氧、气候调节 4 种生态系统服务类型,对其进行测算与空间化制图,并从公平性角度对整个研究区绿地的生态系统服务进行了评价分析,进一步采用具有动态约束的聚类和分区的方法得到生态系统服务的分区群。以此为基础提出区域化管理构想,从而提升研究区域绿地生物多样性,均衡配置城市绿地资源,为合理高效地应用城市绿地生态功能提供重要的数据支撑和保障。

3. 制图要点与结果应用

本案例所用基础数据如下。

(1)西安市基础地理信息数据,包括行政区县等。

(2)遥感影像数据:2018 年 1 月 14 日及 6 月 23 日的 Sentinel-2 数据,空间分辨率为 10 m。

(3)气象数据:风速、风向、温度、相对湿度、降水量。

(4)PM 2.5 数据:西安市 13 个国家监测站点连续测量每小时实时数据。

(5)大气剖面数据。

(6)相关人口、社会经济数据。

(7)部分实测数据。

研究过程分为以下 4 步。

(1)对生态系统服务进行测算,得到西安市绿地单个生态系统服务评价结果。制图结果可以应用于识别生态系统服务测算值为高值的空间分布格局、评价高低值差异程度、分析绿地与生态系统服务的相关性强弱。

(2)基于区位熵测算生态系统服务公平性,得到单个生态系统服务区位熵分布模式图。制图结果可以应用于评价不同区域单元在 4 类生态系统服务上的差异程度、评价 4 类生态系统服务人均水平。

(3)结合公平性评价结果,选取区位熵值低于 1.14 的生态系统服务进行综合优化评价。制图结果可以应用于图形化表达待改善的综合生态系统服务空间分布情况。

(4)基于 REDCAP 的方法实现研究区不同改善程度的区域划分,最终得到区域化结果。制图结果可以应用于判断待改善区域的改善重要性优先级,为 12 个特征明显的聚群、5 类分区的生态系统服务优化提供空间上的规划指导。

三、街区尺度:钱江源国家公园生态系统服务的时空分析①

1. 研究区概况

钱江源国家公园位于浙江省开化县西北部,是钱塘江的发源地,面积约 252 km^2。这

① 本案例来源于本章参考文献[10]。

里不仅是长江三角洲经济发达地区唯一的国家公园体制试点区,也是浙江乃至华东地区的生态屏障和水源涵养区,主要植被有常绿落叶阔叶混交林和亚热带常绿阔叶林等。根据生态敏感性、物种濒危程度,结合原著居民生产生活与社会发展需要,研究区被划分为4个功能区: 核心保护区、生态保育区、游憩展示区和传统利用区。

2. 研究问题

本研究基于现实需求背景与区位情况研究渔区生态系统服务时空分布及变化情况,利用InVEST模型,结合单、双变量Moran空间自相关方法,面向SDG15指标,选择生境质量、碳储量、年产水量和土壤保持进行4项生态系统服务物质量核算和定量评估。空间制图结果为钱江源国家公园建设提供理论依据和技术支撑,实现区域生态环境的可持续发展。

3. 制图要点与结果应用

本案例所用基础数据如下。

(1)土地利用数据:Landsat 7与GF-1卫星遥感产品进行目视解译与数据整合,获取2010年、2013年、2017年及2020年的数据,空间分辨率为30 m。

(2)DEM数据:地形起伏度与坡度,空间分辨率为30 m。

(3)土壤类型与质地数据。

(4)土壤碳含量数据。

(5)2000—2010年中国典型陆地生态系统实际蒸散量和水分利用效率数据集。

(6)气象数据:降水与气温数据。

研究过程分为以下5步。

(1)对生态系统服务物质量进行时空变化分析。制图结果可以应用于评价4项生态系统服务质量10年间数值变化总趋势及空间分布情况。

(2)利用双变量空间自相关分析法,分析2010—2020年生境质量、碳储量、年产水量和土壤保持两两之间的相互关系。制图结果可以应用于评价4个变量相关关系的恒定或变化情况,以及4个变量在研究区内是否呈现正向的良性循环,是否与联合国可持续发展目标(SDGs)的可持续发展理论相统一。

(3)对生态系统服务价值量进行时空变化分析,基于GeoDa软件对研究区生态系统服务价值进行空间自相关分析。制图结果可以应用于评价10年内价值空间分布的变化趋势、分析正相关关系涉及范围与分布分散程度。

(4)利用经典贝叶斯比率标准化的Moran工具对4类典型生态系统服务进行空间自相关分析。制图结果可以应用于评价不同生态系统服务之间相关关系的恒定与变化情况。

(5)利用SDG15.1.1与SDG15.2.1对研究区进行衡量。制图结果可以用于评价研究区的整体发展情况,以判断是否为正向可持续发展。

本章参考文献

[1]傅伯杰, 陈利顶, 马克明, 等. 景观生态学原理及应用[M]. 北京: 科学出版

社, 2001.
[2]张立伟, 傅伯杰. 生态系统服务制图研究进展[J]. 生态学报, 2014, 34(2): 316-325.
[3]SOUSA L, LILLEBO A, ALVES F. Ecosystem service mapping: A management-oriented approach to support environmental planning process[J]. Chapters, 2018(7):127-144.
[4]王云才, 申佳可, 象伟宁. 基于生态系统服务的景观空间绩效评价体系[J]. 风景园林, 2017(1): 35-44.
[5]ARYAL K, MARASENI T, APAN A. How much do we know about trade-offs in ecosystem services? A systematic review of empirical research observations[J]. Science of The Total Environment, 2022, 806(3):151229.
[6]李若男, 刘睿. 生态系统服务评估在政策中的应用研究进展[J]. 环境保护科学, 2023, 49(2): 7-17.
[7]申佳可, 王云才. 生态系统服务制图单元如何更好地支持风景园林规划设计? [J]. 风景园林, 2020, 27(12): 85-91.
[8]张欣蓉, 王晓峰, 程昌武, 等. 基于供需关系的西南喀斯特区生态系统服务空间流动研究[J]. 生态学报, 2021, 41(9): 3368-3380.
[9]党辉, 李晶, 张渝萌, 等. 基于公平性评价的西安市城市绿地生态系统服务空间格局[J]. 生态学报, 2021, 41(17): 6970-6980.
[10]李博, 林文鹏, 李鲁冰. 面向SDG15的钱江源国家公园生态系统服务时空分析[J]. 自然资源遥感, 2022, 34(4): 243-253.

第六章　生态系统服务的供需关系

第一节　生态系统服务的供需关系概述

在生态系统服务的研究推进中，人们逐渐意识到，长期以来对生态系统服务供需关系的理解和认识不够深入，人类日益增长的物质和文化需求与生态环境之间的矛盾愈发激烈，这是造成生态危机的根源。

从供给与需求的视角切入，探讨供需关系和缓解供需矛盾的手段与策略是近年来生态系统服务研究领域关注度最高、影响程度最大的研究方向。继前期的服务分类、量化价值评估、空间制图等几个方向之后，供需关系分析已成为生态系统服务研究的主流方向。

一、研究背景

生态系统服务逐渐形成了将服务分为供需两侧的认识。生态系统服务的供给侧代表生态系统为人类生产的产品与服务，需求侧则是人类对生态系统生产的产品与服务的消费和使用，两者共同构成生态系统服务从自然生态系统流向人类社会系统的动态过程。生态系统服务是连接生物生态过程与人类福祉的桥梁和纽带，生态系统服务供需双方都是服务形成、输送和最终被消费的主体，二者共同构成供需关系框架(图6.1)。

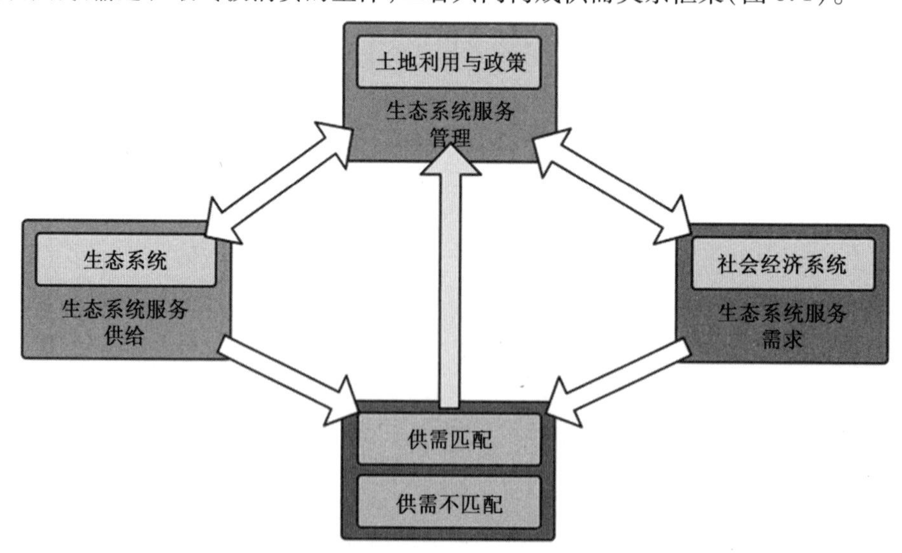

图6.1　生态系统服务供需、匹配和管理的交互关系

生态系统服务供给与需求的基本数量平衡关系和空间关联格局，都是反映生态系统

和人类社会之间复杂动态关联的重要研究方向，对其进行研究有以下两方面意义与价值。

1. 明晰资源空间配置，为生态资源保护与管理提供科学依据

供需研究是对生态系统服务内在机制的深层次探究，能反映环境资源的空间配置，为国土空间规划、生态保护与管理等提供具体、全面、科学的凭据。具体来讲，从供给侧来看，识别供给区、评估供给潜力，能制定合理的管理、开发政策，以免越过生态承载力对环境系统造成损害。从需求侧来看，探究需求空间和需求结构，能清楚理解供给侧变化对需求侧的促进或制衡作用；揭示生态系统服务供需差异，探寻其空间关系与服务流流向，为生态系统服务付费和生态补偿提供理论支撑。从相关利益方的福祉角度来看，深入的供需研究能助力协调资源管理和生态补偿机制的政策制定，使利益相关者的利益最大化。

2. 形成合理的城乡土地利用规划方案，引导合理的城市空间结构

在当前生态规划背景下，直接评定城乡区域内生态系统服务价值，评价结果往往不具空间指导性，对规划的改进、完善能力有限。而供需空间匹配这一研究方向有助于将生态系统服务融入传统城乡规划框架，在目标制定、规划分析、规划编制和规划实施等规划过程中，权衡生态系统服务功能的时空分布，优化城乡空间的生态系统结构；有助于明晰规划路径，走出资源环境保护方面的困境，从而合理布局城市空间结构。

二、研究历程

生态系统服务的供需关系引起学界关注、进入主流研究视野不过是近十几年（2012年以后）的事情。虽然起步较晚，但受到多学科的青睐，热度居高不下，并产生了一大批理论与实践研究成果。

1. 国外研究

国外学者从20世纪90年代开始逐渐关注生态系统服务供需领域的研究。早期生态系统服务供需研究起步于生态承载力研究与生态系统服务的货币价值研究，主要关注的是生态系统服务的结构、功能以及供需概念的界定与研究框架的完善。21世纪以来，国外学者在理论研究方面完成了新的突破，逐步完成了概念界定、内涵延伸与基本研究框架搭建。2012年，Burkhard等正式提出了生态系统服务供给和需求的定义，此后Schrter、Villamagna等人对供需的定义、供需研究框架进行了拓展，并开发了多视角的供需评估框架。

发展到近几年，供需的量化研究与跨时空的供需匹配研究成为关注热点。生态系统服务供需因人类的使用强度产生空间差距，学者们纷纷将视野转向分析服务供给区与受益区及两者之间的空间关系。在应用研究中，国外学者运用土地利用估计、生态过程模拟、数据空间叠置、专家经验判别，以及InVEST模型和ARIES模型等生态空间化模型，采用土地利用及多类统计、监测等多源数据，在多种尺度下对生态系统服务供需的时空特征及匹配状况进行了分析与评价。

2. 国内研究

国内对生态系统服务供需的研究尚处于起步阶段，早期研究主要集中在供需理论部分的引进和综述。较早涉及生态系统服务供需领域的是森林资源市场化研究。在理论方面，马琳、严岩、郭超琼等梳理归纳了生态系统服务供需的含义、特征、量化指标和研究方法；申嘉澍等梳理了生态系统服务供需的形成机制、表现形式与基本特征，总结了供需匹配关系的研究方法，并提出了供需关系的研究框架。

2010年以后，生态系统服务供需研究开始逐渐关注供需量化领域，结合国内丰富的实际案例分析生态系统服务的供需特征及关系，形成了区域、省域、市域、城市群等多尺度的研究成果。在具体的服务量化研究中，指标选取形成了食物生产、产水量、土壤保持、固碳释氧等多种指标选取模式。在研究思路与内容方面，逐渐扩展到了时空分析、格局优化、权衡协同、空间治理等多个视角。具体研究主要围绕生态脆弱区与经济发达城市开展。

三、基本概念

1. 生态系统服务供给

生态系统服务供给指个体、种群、群落、生态系统及无机环境组成的空间单元所提供的产品和服务。各国学者对生态系统服务供给的内涵有多种看法：Burkhard等认为生态系统服务供给是一定时空区域范围内，生态系统可以提供被现实利用的服务，强调供给端的成效性和易获取性。Schrter等认为生态系统服务供给是从潜在供给中传输出来的最终服务量，供给端具有空间依赖性，在特定的空间条件下服务功能才可以发挥。例如，授粉服务需要依凭农田、果园才能发挥效用；休闲游憩服务需依凭空间可达性才能实现，无法到达的场所与景观不能提供此服务。

近年来，随着对生态系统服务供给的理解越来越深刻，学术界逐渐将生态系统服务供给理解为两个层次：第一层次的供给是潜在供给，即生态系统通过生态过程和生态功能（如养分循环、昆虫传粉）产生的产品与服务最大阈值，且受限于人类目前的偏好、技术成本、可达性等条件，并不能实现全部的有效供给；第二层次是实际供给，即生态系统提供的能够被人类实际消费或利用的产品或服务。

2. 生态系统服务需求

生态系统服务需求是指人类个体及社会群体为满足自身的生存与发展消耗的生态系统服务。同样，生态系统服务需求亦可被分为潜在需求与实际需求，这些对生态需求的不同理解都体现在生态需求的3个定义中。关于生态需求的详细阐述见第七章。

3. 生态系统服务的供需关系

生态系统服务的供需关系是指生态系统服务供给端与需求端共同构成的供需关系。需要注意的是，人类社会和经济代谢的生态服务消费必须在生态系统的环境容纳量和生态服务可持续供给范围内，否则便会引起重大的生态矛盾或者生态问题。

供需关系的互相影响机制比较复杂。在影响供需的驱动因素作用下，供给与需求不断发生着动态的变化，从而带来供需关系的调整。供需关系的发展变化受到供需层级、驱动因素、空间作用、交流与传导、管理与调节等多方面的影响。下文将分别介绍从生态学、管理学、城乡规划学等不同的学科视角展开的生态供需框架研究。

4. 供需关系中的簇与权衡、协同

考虑到多个生态系统服务的共同作用以及不同服务之间的协调与影响，一定时空尺度下生态系统服务供需关系可以体现为4种表现形式：簇、权衡、协同与兼容（图6.2）。

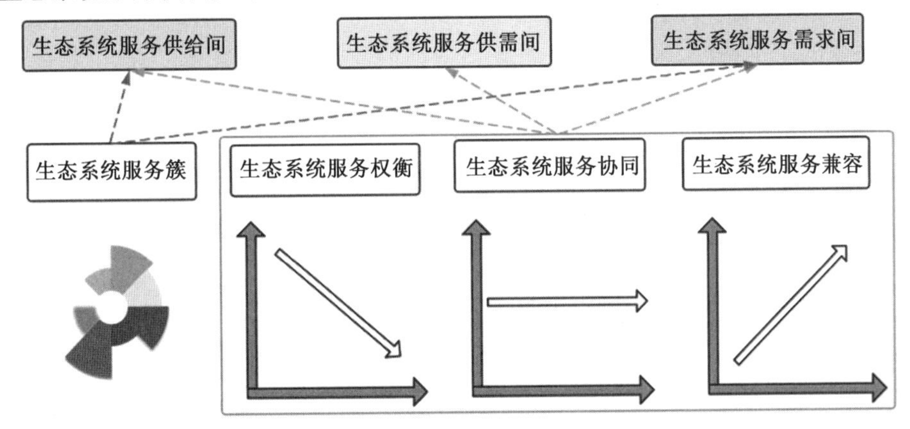

图6.2　生态系统服务供需表现形式（改编自申嘉澍，2021）

生态系统服务簇主要发生于生态系统服务供给间与需求间，是指一系列时空共现的生态系统服务供给或需求。生态系统服务权衡、协同与兼容则发生于生态系统服务供给间、供需间与需求间。生态系统服务间具有负反馈性质的此消彼长变化为权衡关系，具有正反馈性质的同向变化为协同关系，当服务间无显著响应关系时则为兼容关系，对于在兼容关系中所涉及的不同服务类型可以单独采取相应政策措施进行管理。

总体来看，不同类型生态系统服务间权衡、协同与兼容关系具有类型差异性特征，供给服务与其他服务间以权衡关系为主，调节服务与文化服务间则以协同关系为主。

四、城市生态规划领域的研究进展

在《中国园林》《风景园林》等期刊中，2018—2023年关于生态系统服务供需关系的研究共有论文15篇。

其中理论研究有5篇，主要研究内容旨在从多角度耦合生态系统服务供需与生态规划，包括：城市生态供需失衡现象背后的绿色基础设施演化轨迹，生态系统服务供需与传统城乡规划的融合路径，基于融合功能与结构空间优先级的景观生态网络整体优化的概念与方法框架，从供需-流动和情景模拟2个层面总结生态系统服务流的空间制图方法、模型等。

实践案例研究有10篇，其中采用指数构建法的有2篇，采用指标统计法的有4篇，采用空间制图分析的有7篇，采用情景模拟法的有3篇，对生态系统服务空间流动的实践研究有1篇。在案例研究中，研究区普遍在城市、城区尺度，重视水生态系统服务和水相关供需平衡，与其他学科研究内容相比更重视供需匹配结果在绿色基础设施构建及城乡规划中的应用，常将供需理论框架与城乡规划技术手段相结合。

第二节　生态系统服务的供需关系理论与方法

本节主要从机制、特征、理论和方法4个层面进行全面介绍,包括供需变化的驱动机制、供需关系的基本特征、供需关系的理论研究框架、供需匹配的分析方法。其中,供需匹配的分析方法是核心内容。

一、供需变化的驱动机制

生态系统服务的供给与需求并不是一成不变的。随着时代发展和人类的干预改造,生态供需在数量类型和空间分布方面一直在发生着动态的调整,因此需要用发展和辩证的眼光来看待生态系统服务的供需关系。

土地利用变化和气候变化是导致供给端发生变化的核心因素,这两项全球性的变化因素会改造生态系统的结构和功能,影响生态系统的稳定性,对人类的生活环境和社会经济的可持续发展产生重大影响。人口变化和人居改善则是导致需求端变化的核心因素。概括而言,人类对自然的改造和人类社会的发展是驱动生态供需变化的两种主导力量。

1. 土地利用变化

土地利用是指人类根据土地的自然特点,按一定的经济、社会目的,对土地进行长期性或周期性的经营、管理、改造。土地利用、土地覆盖变化是人类活动和环境心理反馈之间的重要联系,一定程度上可以代表人类活动。人类通过改造土地利用的数量、格局直接影响特定区域生态系统的格局和过程,进一步影响生态系统产品和服务的可用性(图6.3)。不同地类下的生态系统服务表现出不同的类型和强度。例如,耕地地类通常在食物生产服务类的供给服务方面展现优势,调节服务和文化服务则相对较弱;森林地类则在气候调节、碳固存等调节服务方面展现优势,供给服务则相对处于弱势。以往的许多研究已经证明,土地覆盖变化对生态系统服务有不同程度的影响。

2. 气候变化

气候变化是全球变化的另一个关键问题,因为它可以通过改变生态结构和自然过程,直接或间接地影响生态系统服务。研究表明,极端气候变化会导致生态系统脆弱。在MEA的报告中,全球气候变化已经足以致使大多数生态系统服务的供应能力发生重大改变。气候变化在一些地区甚至被认为是致使当地生态系统服务降低的关键因素。温度、降水和海平面上升是研究人员通常选择的探索生态系统服务供应变化的直接驱动因素。此外,气候变化表现出了高度复杂性和空间差异,使得研究结果也存在一定程度的不确定性,这给生态系统和自然资源的管理造成了一定程度的困难。

3. 人口数量

全球的人口数量变化推动着生态需求总量和空间分布做出与之相匹配的颠覆性转变。随着人类文明进程的一步步向前推进,全球的人口数量从原始社会的数万人上升到了当前的数十亿;人类在全球的分布也从最初的四大文明古国地区发展到除南极洲等少数区域以外,人类聚居地遍布全球的大陆地区。这种人口数量增长和聚居地扩散导致了

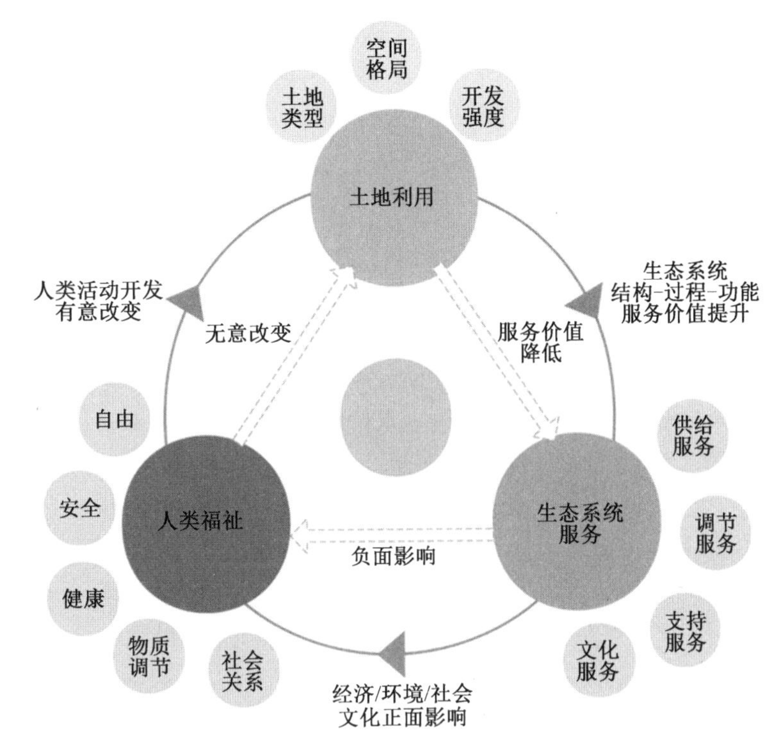

图 6.3　土地利用与生态系统服务关系(改编自颜文涛,2017)

生态系统服务需求的总量激增和空间分布的泛化。

4. 人居环境改善

人居环境的品质提升是推动生态需求类型转变的根本力量。在时代不断前进的背景下,人类对自身的居住环境也不断提出更高要求。这种不断提高的要求体现在生态需求方面,就是引导人居环境经历了温饱型、舒适型、文化型 3 个阶段的类型转变。在工业革命之前,人类对生态系统的核心诉求是能满足基本的生存需要,即提供足够多的淡水、食物等基础生活资料,生态需求主要集中在供给类服务,属于温饱型人居需求;20 世纪 60 年代,伴随着生态环境的恶化,在温饱问题基本得到解决的情况下,人居环境关注的重点转移到可以为人类提供更为舒适的工作与生活环境,调节类服务成为生态需求的重点;近年来,人们精神层面的需求不断提高,文化服务类生态服务(包括历史古迹、审美品位、教育科普、文化展示等)获得了越来越多的关注。

二、供需关系的基本特征

在供需关系特征的研究中,数量平衡、空间分布和时间动态性是最重要的 3 个维度。

1. 数量关系特征

数量关系是生态系统服务供需关系研究中最基础、最常用的研究内容。供给与需求在数量关系上是否平衡决定了供需关系的基本状态,也是研究供需关系的基石,后续的供需空间关系和时间动态的分析也都是建立在数量测算的基础之上的。

为了更好地研究供给与需求的数量发展状态，Burkhard 引入了潜在供给和实际供给的概念。潜在供给是指在一定时空尺度下，生态系统根据其生物物理特性与社会经济属性所能提供的生态系统服务的最大阈值；而实际供给则是指在一定时空尺度下生态系统所提供的能够被实际利用的生态系统服务数量。

需求侧同样存在着潜在需求与实际需求。潜在需求是指在现有稀缺资源配置下，对生态系统服务的期望与偏好程度；而实际需求则是指在一定时空尺度下，被实际利用与消费的生态系统服务数量（图 6.4）。

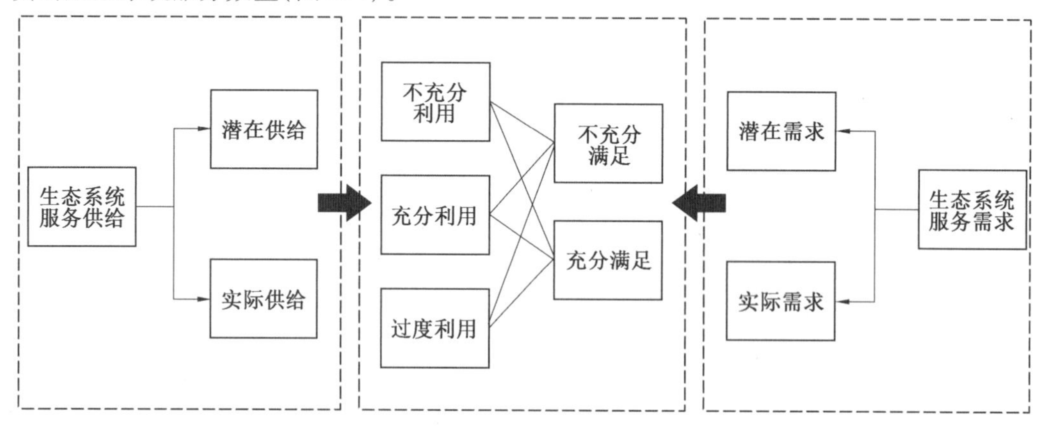

图 6.4　供需数量关系匹配特征

2. 空间关系特征

除了数量关系以外，生态供给与需求在空间分布上的作用与关联同样影响重大。如果一个地区的生态供给与需求在数量上是平衡的，但是存在着供需空间分布错配，则同样会形成人们获取生态服务的巨大障碍，并影响社会的可持续发展。

研究表明，生态系统服务的供需存在很强的时空分异特征。借助地理空间信息系统，地理学研究开发了多样化和深入的空间分析手段与方法，为我们研究生态供需的空间特征提供了有力的技术支撑。

3. 时间动态性特征

在以往的研究内容中，时间动态因其研究的困难性常常被忽略。实际上，生态系统服务随着时间的推进而呈现出动态变化的特征。

与生态系统服务相关的时间动态有两个重要来源：①人类干扰的生态结构、过程和功能；②人类在何时何地去适应这些结构、过程和功能。在 Burkhard 等人和 Kroll 等人对供需概念研究的基础上，我们将这些动态称之为“供给侧动态”和“需求侧动态”。例如，在研究食物生产服务时，需考虑生物产量会受季节性影响，这种动态变化就可称之为供给侧动态。生态系统本身也是多稳态转换变化，不同相对稳态下生态系统的结构、功能与过程均会存在差异，也对供给侧动态产生影响。科技进步、技术创新及人口增减，会影响到生物生产需求量与开采效率，这就是需求侧动态。

另外，生态系统服务供需的时间动态具有不确定性。在供给侧，驱动因素对生态系统结构、过程与功能的影响可能产生滞后效应，而生态系统结构、过程与功能对驱动因素的影响也可能存在滞后响应,因此生态系统服务供给动态存在快变化与慢变化的相互影响。同时,不同利益相关方(个人或群体)对生态系统服务的认知、时间偏好与消费会有线性或非线性的变化。

三、供需关系的理论研究框架

生态系统服务供需关系是生态学、地理学、城乡规划学、风景园林学、管理学等多学科共同关注的研究领域。在当前如火如荼的研究中,理论框架因研究的多学科参与融合,视角愈发多样丰富,实践价值愈发提升。

本书选取影响力较大的经典框架进行综述,包括:从供需基础理论角度提出的供需匹配框架、从影响机制角度提出的生态级联框架、从多支柱综合评估管理角度提出的 EPSS 框架、从服务流视角提出的交付链框架,以及包含具体的指标和方法的生态系统服务供需综合评估(IAESSD)框架等。

1. 基础理论:供需匹配框架

供需匹配框架属于生态系统服务供需领域最具影响力的、基础性的骨干框架。供需匹配框架主要由 5 个部分组成:利益、需求、匹配、管理供应和潜在供应。该框架揭示的核心规律:生态、社会和经济相互影响与作用,这种作用导致了生态系统服务的供需不匹配。

由于供给和需求主要反映的分别是自然属性和社会经济属性,在实践中可根据侧重点不同对两者展开独立探讨;同时,作为生态系统服务流动的起点和终点,两者又共同体现生态系统与人类社会之间的相互作用。因此,可以从供给、需求和供需匹配 3 个方面初步构建生态系统服务供需分析框架(图 6.5)。根据生态系统的承载能力和人类对生态系统服务的利用程度,将供给分为潜在供给和实际供给。

图 6.5　生态系统服务供需分析框架(译自 Grunewald 等,2015 年)

2. 因果关系:生态级联框架

级联效应(cascade effect)是由一个动作影响系统而导致一系列意外事件发生的效应。2010 年,Haines-Young 等首次提出生态系统服务级联框架的概念,它被当作是一种链式结构连接了景观结构过程与人类惠益。生态级联框架由自然生态系统、社会生态系统、生态系统服务 3 部分组成。

自然生态系统包括结构、过程和功能 3 部分,属于生态、地理学科;社会生态系统包括各类社会福祉收益,由经济学、管理学和社会学科等多人类学科参与;联结自然与社会两大系统的就是生态系统服务。级联框架以一种生产链的形式连接了生物物理结构和人类社会经济文化,形成了多环节的阶梯结构,阐释了生态系统服务流动过程的关键要素,构架了自然科学向社会科学流动的跨学科桥梁。

3. 利益管理:EPPS 框架

从管理学的视角,以结构化方式来评估生系统服务。EPPS 框架(图 6.6)将生态系统服务供需管理过程拆分为 5 个核心支柱,每个支柱都是一个描述、绘制生态系统服务独有的视角和程序且互相独立,这 5 个支柱的含义如下。

(1)生态基础支柱:整个生态系统内部复杂的结构和过程(如土壤质量、营养循环、生物多样性)形成所有生态系统服务的基础,生态系统内部的生态条件、结构和过程决定着生态系统服务的供给质量和数量。这一服务基础在物质上是明显的,在原则上是可以被衡量的。

(2)潜力支柱:生态潜力是指生态系统还能开发且不会扰动生态系统使其崩坏的生态开发能力,可以被视为生态系统服务的库存,而服务本身代表实际流量。它是生态规划的一个重要基础,例如实施可持续土地利用系统,可以确定一个生态系统是否适合进行不同形式的土地利用,未使用的潜力可以实际使用,并可以估计风险。

(3)人类需求:只有人类的需求才会将潜力转化为真正的服务。它反映了更强大的人类视角(价值水平),因为这些服务(和商品)实际上是目前具有需求或使用价值的。

(4)生态系统产生的利益和价值:通过生态系统服务的连接,人类可以从生态系统中获益。这意味着,生态系统产生的利益和价值有助于人类的福祉。

(5)利益相关者:可以是个人,也可以是一个群体乃至整个社会,其不仅依赖或受益于生态系统,而且反过来又对生态系统做出反应,可以管理生态系统服务。

EPPS 框架的所有支柱或类别都可以或应该根据空间(如尺度、维度、模式)、时间(如驱动力、变化、场景)进行分析和区分。

4. 空间流动:交付链框架

交付链框架中的生态压力对生态系统提供服务的能力有直接影响,并可能影响服务的流动;同样,社会需求可以影响生态压力和从生态系统流向受益者的服务,受益者的需求和偏好也会影响社会需求。生态系统服务交付链区别于支柱组件,属于链接组件。交付链中一个要素的变化会通过交付链传导到其他要素。

交付链框架在使用中需对生态系统服务容量、压力、需求和流量单独进行测量,不仅衡量了最终服务,还量化了生态系统服务流动的组成部分。交付链框架能够更准确地描述服务提供、可持续性和跨空间、跨时间的生态系统服务权衡(图 6.7)。衡量服务的实际流量为评估生态系统服务的公平性提供了一个度量标准,而能力衡量标准则为有关未来发展和管理的决策提供了信息。该框架几乎可以应用于任何空间分辨率或范围,可以很容易地纳入情景分析,考虑生态系统服务供需时间动态,从而对服务能力、生态压力、预期需求和服务流进行更客观和准确的评估,从而更好地指导土地管理决策。

5. 综合集成:IAESSD 框架

相较于前文多视角的研究框架,IAESSD 框架(图 6.8)属于更为综合的框架。考虑生态系统服务从供给侧到需求侧的交付过程,包括供给、汇和需求,通过不同的空间、时间和利益相关者尺度,整合从生态系统服务供应到社会需求的多个领域的信息。为了在实践中匹配生态系统服务的供求关系,有必要识别不同维度上的生态系统服务不匹配。这种

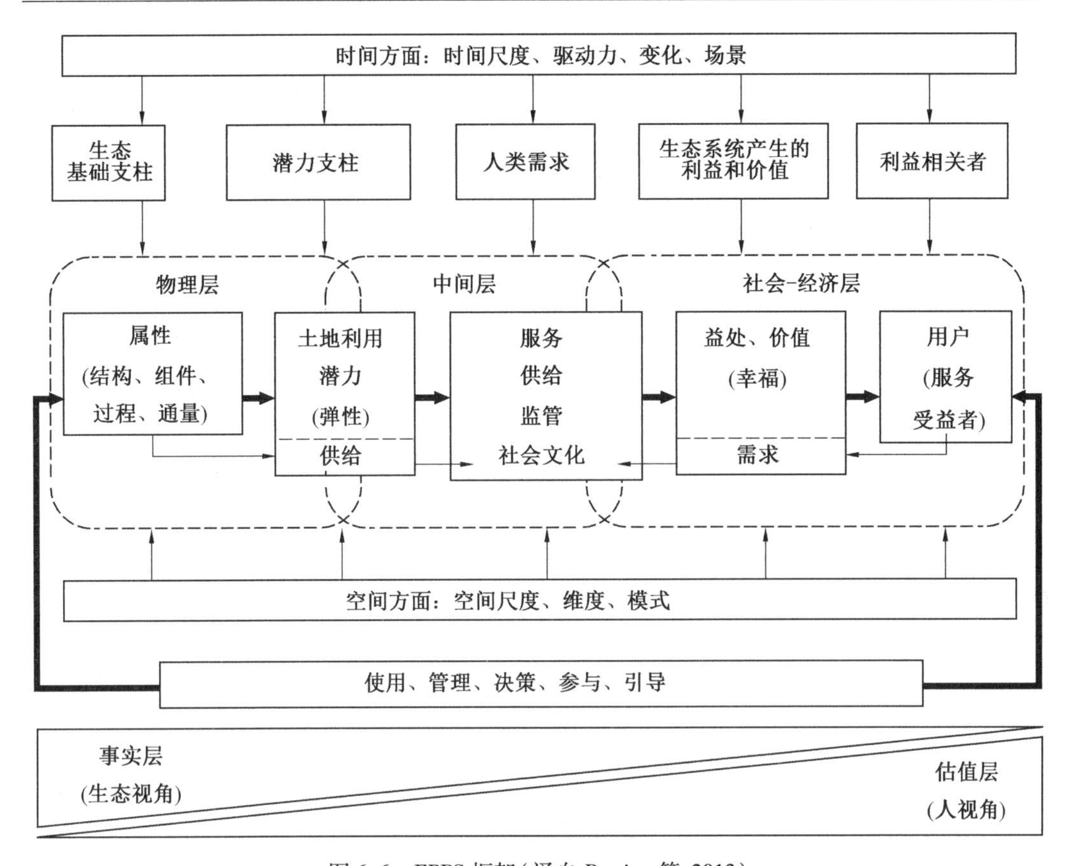

图 6.6　EPPS 框架(译自 Bastian 等,2013)

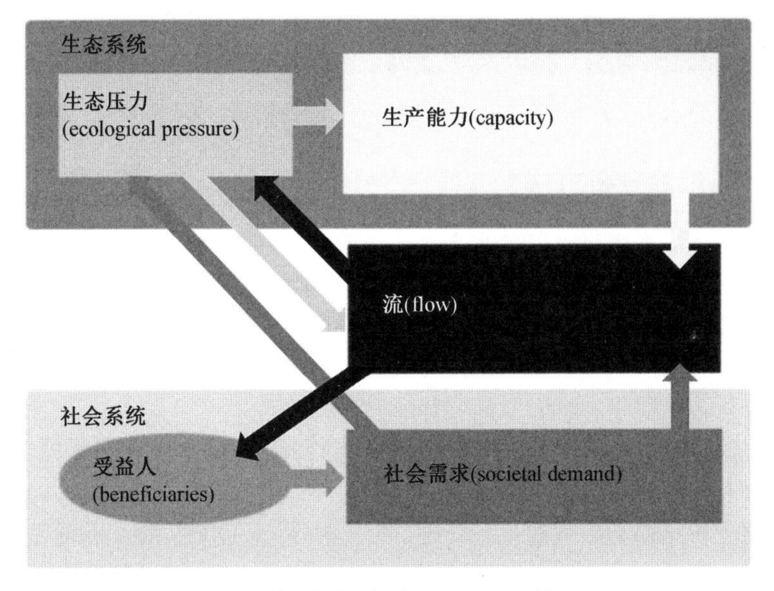

图 6.7　交付链框架(译自 Villamagna 等,2013)

识别可能涉及使用一些指标与方法来测量、绘制生态系统服务的供应、汇和需求。

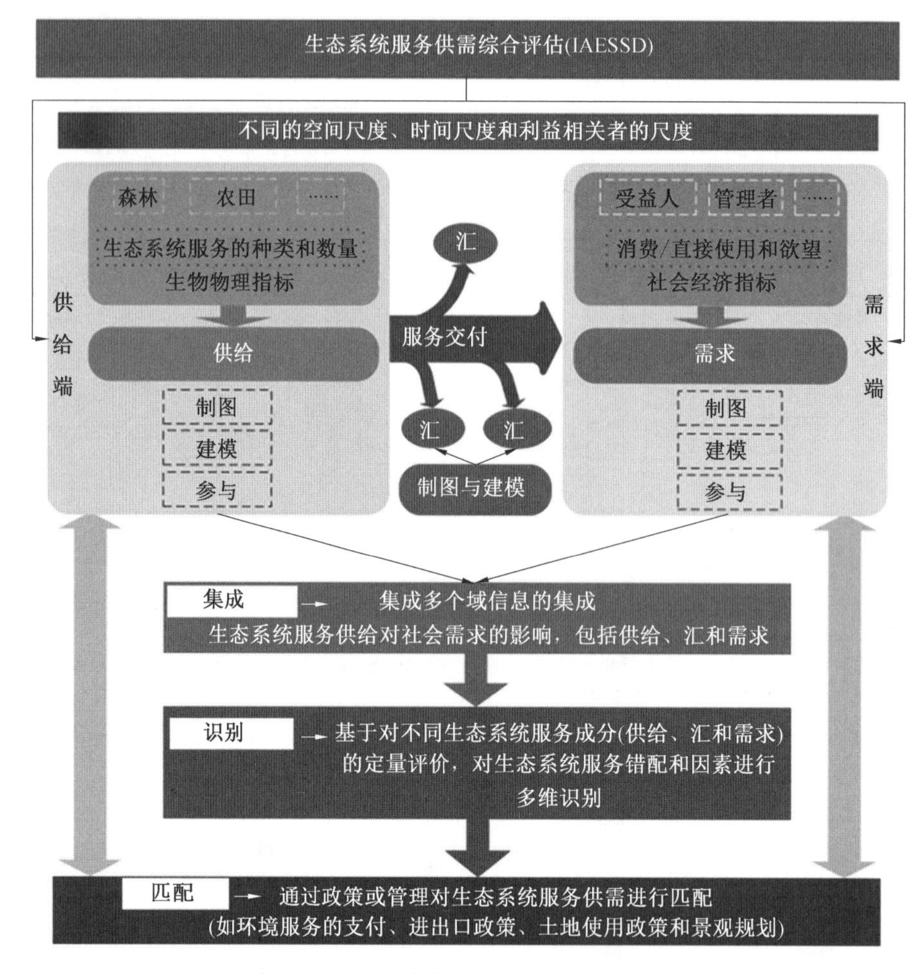

图 6.8　IAESSD 框架(译自 Wei 等,2017 年)

四、供需匹配的分析方法

生态问题产生的本质可以理解为生态系统服务生态供给与需求在数量、类型或者空间分布上的失衡或者错配。供需数量不平衡、空间不匹配会影响人类的福祉,并导致不同程度的生态风险。生态系统服务供需不匹配具有时间动态性,往往错配的后果不在第一时间暴露,具有滞后性,这使得供需可持续管理有一定的困难性。综上所述,生态系统服务供需匹配分析包括数量、类型、空间、时间等多个维度。

生态系统服务供需关系研究成果向实践转化的窗口和媒介就是供需匹配度的描绘与说明,因此匹配分析是供需研究中的核心内容,是桥接生态供需理论研究与实践应用的枢纽。供需匹配分析结果为后续的生态管理、规划、决策等工作提供了最重要的基础评判、问题识别和目标参照。

1. 数量分析:供需平衡关系

目前生态系统服务供需匹配的研究主要集中在数量平衡、空间模拟与适配两个方面。

数量平衡分析是建立在对生态供给和生态需求的量化计算基础之上的。其中,生态供给量测度研究已经较为完善(详见本书第三章),如何对需求进行物质量或价值量评估是当前难点(详见本书第七章)。

数量关系研究方法主要有指数构建法和指标统计法两种。

(1)指数构建法:通过构建单一关系表征指数,来归并多样化生态系统服务供需指标。

指数构建法的核心是构建数量差异性指数,一般以计算等权重或差异化权重类型服务的平均值、总和、差值或比值为基本模式描述供给或需求的关系,在服务供需间则以差值或比值的形式获取相应指数,在供给、需求、供需间都能反映其全面水准与动态变化关系。需要注意的是,如果供给和需求的多项生态系统服务的测算值单位不同,需要进行量纲统一化处理,以方便后面的数量比对。统一量纲常用的方法包括 Z-Score 标准化评价。

常见的数量差异化指数包括供给率和供需比,在区域间呈现生态系统服务整体特征对比。供给率是指特定区域内,生态系统提供实际生态系统服务的能力,值越大表示生态系统实际供给的转化率越高,即生态系统服务从潜在供给转换为实际供给的比重越多。

$$\text{供给率}=\frac{\text{实际供给}}{\text{潜在供给}}$$

供需比用来反映特定区域内生态系统的实际供给和人类需求之间的平衡状态,可能是盈余或赤字,来反映生态系统的数量匹配特征。

$$\text{供需比}=\frac{\text{实际供给}-\text{人类需求}}{(\text{潜在供给}_{\text{最大值}}+\text{人类需求}_{\text{最大值}})/2},\begin{cases}>0,\text{盈余}\\=0,\text{平衡}\\<0,\text{赤字}\end{cases}$$

(2)指标统计法:基于统计学方法来对不同时空尺度下生态系统服务供给、需求或供需的数量关系进行定量分析与表达。

基于指标分析的统计学方法在供需数量关系分析中也处于重要地位,包括相关性分析、聚类分析、非约束性及约束性排序分析、回归分析等,对于厘清生态系统服务间关系有着重要作用。不同的统计方法应用方向也有区别,如相关性分析可以识别分析生态系统服务间的权衡协调关系;而约束性排序分析可以分析服务间或服务与驱动因素间的关系。

另外,统计学方法在经济类学科中属于中流砥柱,也可以将经济学中的成熟理论引入生态系统服务各类关系研究中,如微观经济学中的生产理论,在一定自然社会经济条件下,估算生态系统服务供给的生产可能性边界,以此边界来量化表述帕累托最优生态系统服务供给簇的线性或非线性变化。例如,Vallet 等在哥斯达黎加雷文塔松河流域利用生产可能性边界对不同生态系统服务供给间关系进行了研究,发现该种方法能够切实反映不同服务供给间关系的非线性特征。

2. 空间分析:供需空间适配性

空间适配性分析是指应用地理信息系统、遥感等技术手段,进行空间地图绘制及相应的运算,从空间方式分析生态系统服务的供需特征。一般空间制图建立在地理学科的空间统计学基础之上,进一步可使用叠加分析及探索性空间数据,来分析研究供需间关系与服务间关系。叠加分析就是图层叠加法,通过等权重或非等权重的方式将生态系统服务的供需指标进行空间叠置。

目前空间分析应用较为普遍的是地理数据分析软件 GeoDa，在软件上可以完成空间数据的全局自相关分析和局部自相关分析，并可进行生态供需的空间关联的局域指标（local indicators of spatial assosiation, LISA）与冷热点分析等，通过拆分高值区与低值区表现空间匹配状态。

3. 时间分析：供需变异性与多情景模拟

与生态供需数量匹配和空间匹配的研究相比，时间维度的匹配研究还处于起步阶段。

随着时间的流逝和时代的发展，生态供给端和需求端都在发生着动态的变化，为了更好地描述供需的动态变化，通常引入多情景模拟的方法来进行供需分析。

情景制定与模拟是指设置不同关键驱动因素在不同时期可能的变化情景，并对不同情景下生态系统服务进行模拟与比较。其一，制定情景的过程中自然会分析到不同类型的生态系统服务在环境变化影响下做出何种响应。其二，制定情景也能基于设定不同时空变化场景的情景模拟帮助指导政策及管理措施制定。在供需研究中，生态系统服务的情景设置应考虑供需两端，即自然生态环境与人类经济社会系统两端的影响因素及驱动因素，避免简化或偏重模拟结果。

多情景法应用前景广泛，能反映多情景差异化响应，可进行对比分析，结果直观。

第三节　生态系统服务流

生态系统服务流（以下简称服务流）是供需关系研究的衍生和拓展，因此将“流”的内容放在本节中一同论述。服务流是近年生态系统服务研究中的前沿与热点，被认为是深化生态系统服务管控的未来发展方向。服务流的研究非常前沿，理论探索和实践研究都还处于起步阶段，以下进行概要介绍。

一、定义

从过程的角度来理解，服务流是生态系统从供给区到需求区的连接，是供给区所提供的生态系统服务，在自然或人为因素的驱动下，沿某一方向和路径传递到受益区的过程；从效用的角度来看，服务流是人类实际所获得（消耗与使用）的生态系统服务，是生态系统服务的最终实现。

二、主体研究内容

生态系统服务供给与需求存在着空间分异性，这种分异性导致了供需的空间错配，需要生态系统服务从供给区向需求区进行传递。对于生态系统服务传递的路径、方式、数量的研究构成了服务流研究的主体内容。服务流的实现涉及 3 个区域，即供给区、连接区与需求区。

服务流具有流向、流速与流量 3 种属性特征，服务流的流向是生态系统服务从供给区至需求区的传递方向，通常受载体的影响，流向揭示了“流”的手段和途径；服务流的流速是生态系统服务传递距离与传递时间的比值，流速的核心在于其揭示了“流”的效率与功用；服务流的流量是受益区实际所接收到的生态系统服务量，流量的确定是定量化服务流的根本所在。

三、服务流的分类

理解生态系统服务在供给区与需求区之间的空间关系是进行服务流研究的基础。服务流可以分为3种类型:原位服务流、全向服务流和定向服务流。

原位服务流是指生态系统服务供给区与需求区基本重叠,服务的实现无须空间上的转移,如审美价值、土壤形成等;全向服务流是指生态系统服务从供给区沿各个方向传递到使用区,其传递过程中没有方向偏好,如以空气流动为传播媒介的空气质量调节等服务;定向服务流是指生态系统服务从供给区沿某一固定方向传递到服务使用区,如淡水供给服务与洪水调控等。

四、研究方法

对于"流"主要采用空间分布式模型(spatial distributed model)来研究,该模型可以对生态系统服务的供给与需求、传递路径及传递过程进行量化分析与制图分析,反映生态系统服务从供给区到需求区传递过程中传递路径、流向、流量等属性。

实际上,生态系统服务传递过程非常复杂且受多方面因素的影响与制约。模型的建构不仅要明确生态服务传递过程机制,还需考虑多类复杂的影响因子;模拟过程中涉及多样化的驱动要素,需要大量的参数和技术手段。因此,建立一个成熟而有效的"流"空间模型有非常大的挑战性。

五、"流"的尺度效应特征

人们研究服务流是为了更好地掌握"流"的途径、方式,以期进行流向、流速、流量的干预与调节,解决生态供需的矛盾。需要注意的是,原位流、全向流很难进行人为干预改变。人们可以改变的主要集中在定向服务流,而定向服务流的调节有着较强的尺度效应特征。

以水资源供给为例,在城区尺度下,人工干预手段是比较有效的,水资源供给服务流动可以凭借沟渠、管道等人为因素流送至需求区,使需求得到充分满足[图6.9(d)];当水资源供给扩展到省域、区域、流域等中尺度上时,自然地形与气候降雨等自然条件的限制就成为影响"流"的主导因素,水资源不能依靠人工手段强行获得,或者要以高昂的代价获取,如开凿人工运河[图6.9(e)];当尺度扩展到全球大尺度时,水资源供给服务的流动则主要由自然生态决定,人为手段能发挥的作用就微乎及微了[图6.9(f)]。

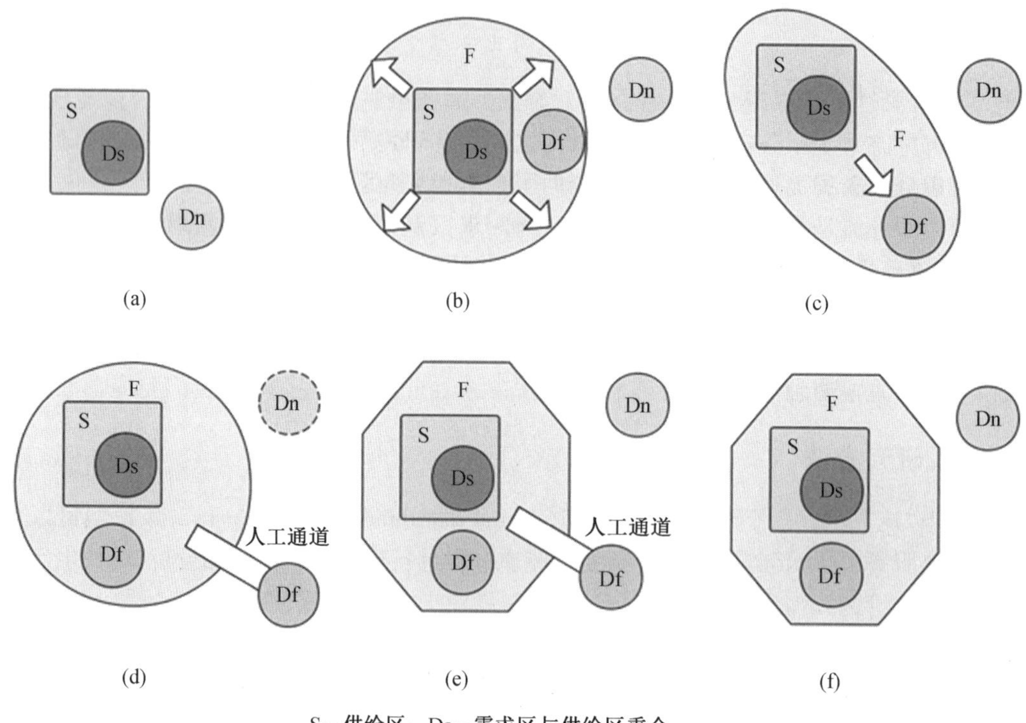

S—供给区；Ds—需求区与供给区重合；
F—流动区；Df—需求区与流动区重合；
D—需求区；Dn—需求区与供给区和流动区相离。

图6.9　生态供需空间流动特征(改编自马琳,2017)

第四节　生态系统服务的供需关系案例研究

一、供需数量平衡关系:京津冀地区生态系统服务的时空演变①

从定量角度测算多项生态系统服务的供需特征能为生态系统服务供需研究提供数据支撑,对于优化区域生态系统结构提供重要基础。现有的生态系统服务供需数量平衡关系多采用生态价值当量方式进行研究,较少利用模型定量方式进行研究;针对单一生态系统服务的研究较多,涉及多项生态系统服务供需的研究较少。

本书所选案例以京津冀地区为研究区域。京津冀地区地貌类型多样,拥有较强的经济实力和人口吸引能力,随着经济社会的发展,城镇化进程逐步加快,人地矛盾逐渐突出,开始出现水资源污染、重污染天气频发、生态承载能力降低等一系列生态环境问题,究其根本原因在于生态系统服务供需状况严重失衡,供需空间异质性明显,难以为京津冀地区提供高质量的生态系统服务。

本书所用研究方法为通过生态系统服务供需比(ESDR)来刻画京津冀地区生态系统

① 本案例来源于本章参考文献[10]。

服务供需状态。当 $ESDR_i>0$ 时,表示供给大于需求,即盈余状态;当 $ESDR_i=0$ 时,表示供给等于需求,即供需平衡状态;当 $ESDR_i<0$ 时,表示供给小于需求,即赤字状态。利用多项服务供需比的算数平均值,得到京津冀地区的综合生态供需比(CESD),以此为基础对供需状况进行分级,标准明晰、操作简便并且能通过空间制图的形式清晰地表达分级结果的时空演变情况,为该区域国土空间规划编制和生态建设政策制定提供支撑。

研究基于现实背景和研究区位情况,选择产水、碳固持、粮食生产3项生态系统服务,探究生态系统服务供需状况的空间分布特征,明晰各项生态系统服务的供需结构,揭示生态系统服务供需类型的变化趋势。首先,应用 InVEST 模型、ArcGIS 空间分析模块,定量测度2005年与2015年京津冀地区生态系统服务供需水平,得出京津冀各地区产水、碳固持、粮食生产供需状况及空间分布情况。其次,通过生态系统服务平均综合比分析京津冀地区生态系统服务总体状态和趋势。最后,根据生态系统服务供需状况分级标准,将京津冀地区综合生态系统服务供需水平分为6个等级,并利用对应的综合供需等级命名生态系统服务供需类型区,生成类型区数量及空间演变情况对比。研究结果表明,京津冀地区各项生态系统服务供给与需求空间异质性明显、各项生态系统服务的供需特征差异明显、供需类型区数量占比和空间范围变化明显。

二、供需空间适配性:哈尔滨市道外区雨洪调节①

雨洪调节是城市绿色基础设施(green infrastructure,GI)的一项重要生态系统服务功能。从研究内容上看,现有研究主要针对内涝灾损和承灾脆弱性研究、规划策略研究和 GI 调控研究。生态系统服务供需理论为我们解析城市生态问题提供了一个新的视角和思路。同时,考虑雨洪调蓄供需两个方面,分析供需的数量平衡关系与空间匹配,可以更全面、更深刻地剖析复杂的城市内涝问题。

本案例以黑龙江省哈尔滨市道外区为研究区域,该区域是哈尔滨市建设最早的区域之一,研究区面积约为28.5 km^2。区内建设密度高,人口密度大,市政设施老旧,公园绿地占比低,承灾脆弱性高,大面积的不透水面积导致地表径流增加,是哈尔滨市内涝风险最高的两个区域之一;同时,在资金筹措和用地紧张的发展条件下,老城区的内涝治理受到处处掣肘,改造难度大。

根据生态系统服务供需关系理论,以雨水产流 SCS 模型作为水文计算模型,提出基于水量调节供需平衡分析与空间匹配调整的 GI 改造方法,治理城市内涝。SCS 模型从径流赖以形成和发展的水文下垫面基础来研究降雨和径流的关系,能有效揭示不同土地利用类型和土壤类型对径流的影响,近年来广泛用于评估流域尺度与城区尺度的雨洪产流。

研究基于现实背景和研究区位情况,从 GI 雨水调节供给需求的平衡关系入手,进行多情景模拟并提出相应改造策略。首先,进行基础数据准备,包括选用雨水模型计算公式、本土化地修改 CN 值参数(用于计算流域降雨流量或者河流径流的经验参数)与划分

① 孔令骁,吴远翔,张纪朋. ES 供需视角下城区绿地系统雨洪韧性规划[C]//中国城市规划学会. 面向高质量发展的空间治理:2021中国城市规划年会论文集. 北京:中国建筑工业出版社,2021.

汇水分区;其次,计算需求量,对汇水区产流量进行计算,确定雨洪调节需求量,将计算结果对应不同的排水分区,进行空间制图;再次,计算供给量,通过模拟计算,得到不同降雨重现期的潜在调节供给量;最后,生成改造方案与策略。以雨水调蓄供给与需求的计算结果为基础,对应分区进行空间制图,而后进行供需数量平衡和空间匹配分析,编制 GI 规划方案。研究结果表明,GI 改造可以调蓄 10 年降雨重现期的 63.3% 径流水量,将内涝区从 62 个降为 14 个,是有效治理城区内涝的手段;雨水花园、滨河绿地和汇水区调配分别调蓄 56.53%、20.57%、21.38% 水量,是较为高效的 GI 改造策略。研究成果为老城区 GI 改造、精准化分析城市内涝问题提供了技术解决方案和参考借鉴。

三、供需多情景模拟:上海市杨浦区公园绿地供需动态匹配①

城市公园绿地生态系统服务供需关系的量化研究能够反映城市中的人地关系,对提升公园公平性和市民福祉至关重要。目前,绿地供需研究大多是通过供需测度达到供需平衡或供需匹配的目标,生态系统服务需求的多样性和差异性是供需研究的难点。

本书所选案例以上海市杨浦区为研究区域。上海市作为高度城镇化地区,高强度的人类活动对城市公园绿地的发展造成巨大的环境压力;人口增加过快,老龄化严重,导致城市居民对城市公园绿地需求增加。杨浦区公园绿地呈现供需不匹配、不协调,整体失配程度高且空间分布失衡的基本特征。因此,亟须重新思考该区域生态系统服务供需关系,并尝试通过多情景供需匹配的路径来揭示杨浦区供需关系的动态发展特征,以此为基础进行评估与优化。

本案例所用研究方法为多情景分析,它是处理复杂系统不确定性问题的有效工具。较之传统供需匹配研究,多情景规划下的供需匹配更具优势,它能够同时考虑到多个情景中的需求特征,满足需求主体的多样化,提供多样性和更为均衡的生态系统服务,具备应对发展和变化的能力,最终实现“供需动态匹配”“和谐共生”的生态智慧目标。基于多情景规划的公园绿地供需匹配研究框架如图 6.10 所示。

城市公园绿地多情景供需关系驱动力分析,分 5 步进行。第一步,前期基础分析。对研究区域内城市公园绿地的相关现状和发展背景进行分析来确定焦点问题,识别影响焦点问题发展的主要驱动力,并对核心影响因素的重要性、不确定性进行排序和筛选。第二步,构建情景方案。对关键驱动因素进行指标组合、指标细化和指标权重赋值,最终形成具体情景方案。第三步,情景模拟。通过文字描述和空间制图方式对多情景模拟方案进行表达和展示,便于人们理解每个情景方案所传递的具体内容和基本特征。第四步,情景评估。本研究是为了揭示供需关系的动态发展和多样性,因此不评选出最佳的情景方案,重点在于从匹配类型与匹配度、耦合度和协调度层面进行对比,分析和探究每个情景方案的特征及问题,进而反映城市公园绿地的供需关系的动态特征。第五步,情景优化。统筹考虑上述多个情景中供需关系的问题,并提出针对性的优化方案和提升措施,以期同时满足多个情景中的“供需匹配”,实现“供需动态匹配”的目标。

---

① 本案例来源于本章参考文献[11]。

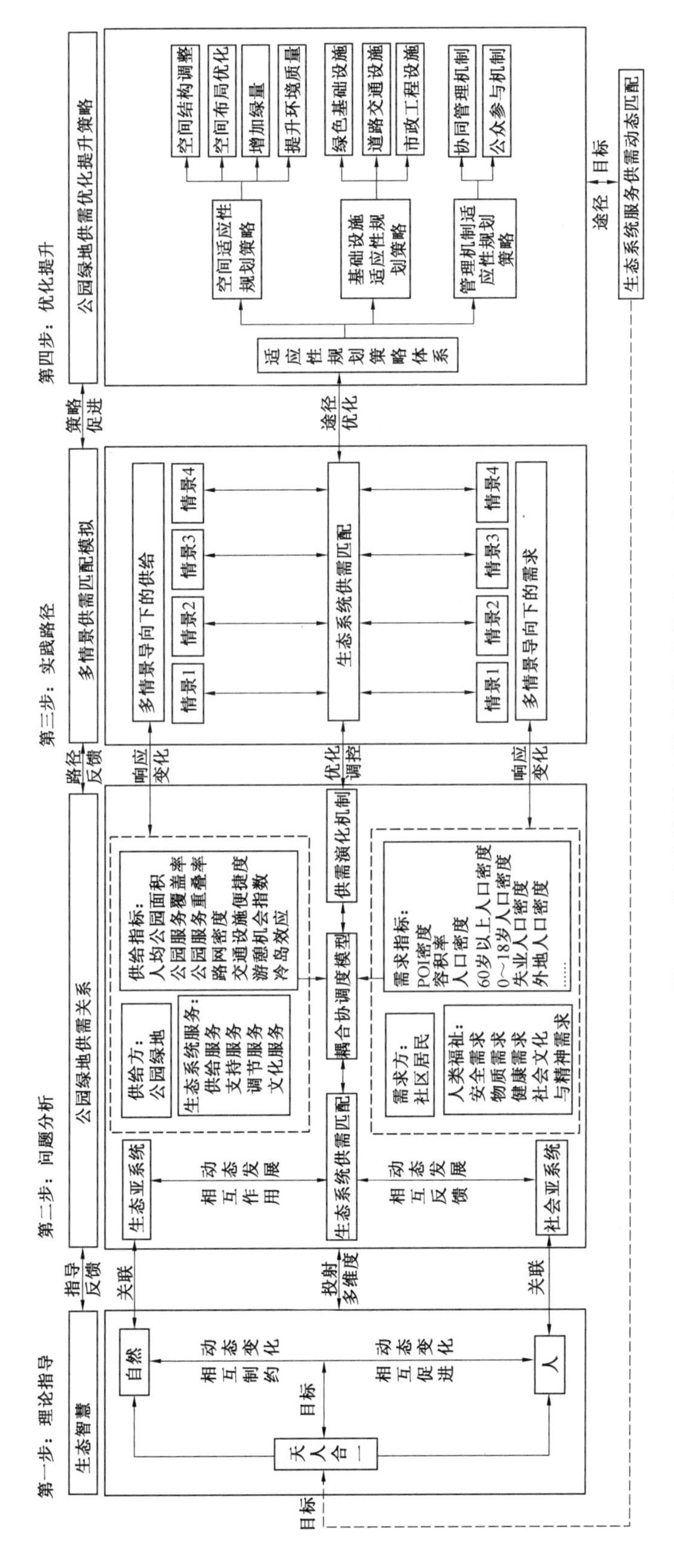

图6.10 基于多情景规划的公园绿地供需匹配研究框架

四、生态服务流:苏嘉湖地区洪涝调节①

城市化和工业化进程扰乱了原有自然水文循环过程,为快速城市化地区带来了严重的城市洪涝灾害。在人口密集的建成区内部,蓝绿基础设施的服务供给能力与位于城市周边的生态空间相比微乎其微。仅在建成区内对生态系统服务需求进行制图,无法直接生成对城市郊区的生态空间提供相应服务总量与布局的参考,这也为识别快速城市化地区生态空间中应对人类需求的优先级与关键区带来了技术困境。

研究区域为苏州、嘉兴、湖州环太湖东岸分布的共城市化地区,即苏嘉湖地区。该地区的生态空间大量丧失,所处太湖流域洪涝灾害频发。

本书所选案例将快速城市化地区的建设空间识别为服务需求直接产生并输出的源;将发挥主导生态功能的生态空间识别为需求传输终点和通过提供服务使所有需求被满足的汇。基于生态系统服务交付链理论,假设生态系统服务需求同样可以依赖于空间流由产生需求的源(建设空间)向需求被满足的汇(生态空间)的运动,被分配并投射至周边相应生态空间中,通过生态空间类型以及生态空间内需求的总量和分布,反映人类社会的服务需求对现有生态空间体系的要求水平,以此表征生态空间在防洪调蓄方面的优先级。苏嘉湖地区雨洪研究逻辑与方法框架如图6.11所示。

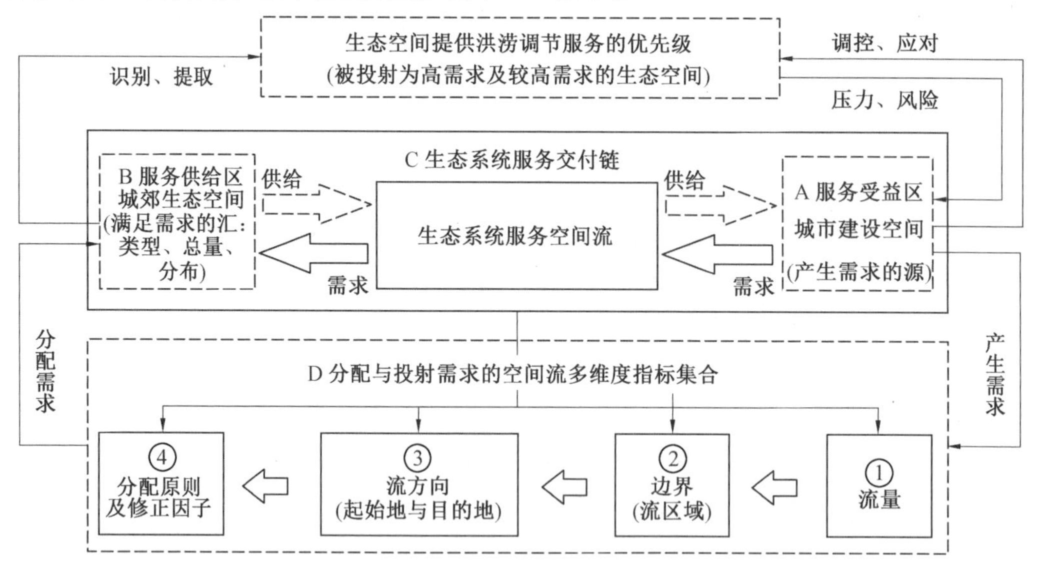

图6.11 苏嘉湖地区雨洪研究逻辑与方法框架

案例研究分为以下3步。

(1)用建设空间产生的洪涝调节服务需求总量代表空间流传输的流量。利用自然断点法,对建设空间服务需求的评价结果进行需求等级划分。

(2)将等级值转入ArcGIS,绘制洪涝调节服务需求在建设空间中的分布图。基于从

① 本案例来源于本章参考文献[9]。

公共数据库下载的数字高程模型，利用 ArcGIS 工具盒中的“水文分析工具”提取研究区流域，人工校正后形成 23 个集水区。各集水区边界为其中的空间流将服务需求从建设空间分配至相应生态空间提供了限定范围。

（3）将来自建设空间的洪涝调节服务需求等级值在各集水区内汇总，得到各集水区需要向其中的生态空间分配与投射的服务需求总流量。再次利用自然断点法将服务需求按面积比例分配的结果划分为 5 个等级。

本章参考文献

[1]严岩，朱捷缘，吴钢，等. 生态系统服务需求、供给和消费研究进展[J]. 生态学报，2017，37(8)：2489-2496.

[2]申嘉澍，李双成，梁泽，等. 生态系统服务供需关系研究进展与趋势展望[J]. 自然资源学报，2021，36(8)：1909-1922.

[3] BURKHARD B，KROLL F，MÜLLER F，et al. Landscapes' capacities to provide ecosystem services–A concept for land-cover based assessments[J]. Landscape Online，2009，15(1)：1-22.

[4]SCHRÖTER M，BARTON D N，REMME R P，et al. Accounting for capacity and flow of ecosystem services：a conceptual model and a case study for Telemark，Norway[J]. Ecological Indicators，2014，36：539-551.

[5]VILLAMAGNA A M，ANGERMEIER P L，BENNETT E M. Capacity，pressure，demand，and flow：a conceptual framework for analyzing ecosystem service provision and delivery[J]. Ecological Complexity，2013，15：114-121.

[6]马琳，刘浩，彭建，等. 生态系统服务供给和需求研究进展[J]. 地理学报，2017，72(7)：1277-1289.

[7]肖玉，谢高地，鲁春霞，等. 基于供需关系的生态系统服务空间流动研究进展[J]. 生态学报，2016，36(10)：3096-3102.

[8]王嘉丽，周伟奇. 生态系统服务流研究进展[J]. 生态学报，2019，39(12)：4213-4222.

[9]申佳可，彭震伟，王云才. 基于生态系统服务空间流的洪涝调节服务需求制图与生态空间优先级识别[J]. 中国园林，2022，38(2)：20-25.

[10]张蓬涛，刘双嘉，周智，等. 京津冀地区生态系统服务供需测度及时空演变[J]. 生态学报，2021，41(9)：3354-3367.

[11]王忙忙，王云才. 平衡还是匹配？生态智慧引导下的公园绿地供需关系多情景分析与优化[J]. 中国园林，2021，37(7)：37-42.

第七章　生态系统服务需求测度

第一节　生态系统服务需求测度概述

生态系统服务需求是生态系统服务研究的前沿领域之一，也是沟通生态系统服务理论与实践应用的重要桥梁和纽带。由于其前沿性和重要性，本书单独成章对生态系统服务需求进行介绍与阐述。

本书第三章系统介绍了生态系统服务的价值评估方法。如果从生态供需的视角来看，这些评估方法主要是关于生态供给的计量，是对当前已有生态绩效的量化考评方法。而随着研究的推进，人们发现生态需求在测度原理和测度方法方面，与生态供给存在着很大的差异性。

一、为什么要研究生态系统服务需求

生态系统服务供需双方是服务形成、输送和最终被消费的两大主体，没有人类的需求，服务供给的必要性与规模质量便无从谈起。因此，仅从生态系统服务供给端推导服务价值，并不能反映人的真实生态需求。研究生态系统服务是为了提高自然生态系统对人类的福祉，对生态系统服务需求的研究有以下两方面重要意义。

1. 准确描绘生态系统服务需求的迫切程度、偏好方向

生态系统服务需求受多方面因素的影响，一般而言，社会经济发展程度较高、生态环境胁迫性较强的地区以及受教育程度较高的人群，服务需求量更高。因此，需求测度结果与供给测度结果相比，并不是一个固定的值，而是存在一定的差异性和弹性范围，这对于人类更好地认识自身及社会发展情况具有重要意义。

2. 有效进行生态系统管理，解决生态供需错配

生态系统服务供需之间存在时空异质性，当生态系统服务有效供给不足，或供需空间分异过大，或过度消费导致供给可持续能力下降时，对服务需求进行测度，能较好地反映供需匹配程度，从而更有针对性地对生态系统进行管理。通过增强服务供给和可达性、采取生态补偿等机制来调控服务供给与消费，有助于减轻生态压力，促进供需平衡，提高人类福祉。

二、研究历程

对于生态系统服务需求的研究是伴随着生态系统服务供需研究的不断拓展而逐步深入的。2012 年，Burkhard 正式提出了生态系统服务供给和需求的定义，并基于专家知识

建构了供需矩阵,对德国莱比锡-哈勒城乡地区进行了生态需求评估。此后,生态系统服务需求测度开始引起相关领域学者的广泛关注。

近年来,城市尺度上的生态系统服务需求量化评估逐渐成为国外研究热点。代表性研究包括:巴塞罗那大都市区的生态系统服务的调节服务与文化服务需求量(Baro, F, 2016);柏林地区5项生态系统服务需求(Larondelle, 2016);通过评估底特律6种生态系统服务的需求程度构建城市绿色基础设施(urban green infrastructure, UGI)的规划模型,为UGI选址和效益最大化提供参考和决策依据(Meerow S,2017)。

国内对生态系统服务供需的代表性研究包括:基于空间与功能的城市生态用地需求测算概念框架(彭建,2015);不同生态系统服务供需量化指标和研究方法(严岩,2017);澳门的热岛调节、雨洪调节、噪声消减、休闲游憩和景观美学5种生态系统服务的需求程度(许超,2020)。

第二节　生态系统服务需求测度理论与方法

一、生态需求的层级

比较而言,生态需求的研究比生态供给要复杂得多。这是因为,生态供给相对是一个比较客观的、确定的过程,生态供给量主要由生态资源、生态特征、生态系统类型决定,存在着一个明确的固定值。而生态需求作为人类对生态系统的索取和希冀,体现人类的主观性意志,表现出了很强的差异性、变异性、层级性特征。差异性是指不同的社会群体、不同国家区域、不同文化背景的人群,其生态需求差异巨大,无法整齐划一;变异性是指随着时代的发展,或者周边条件的变化,人的需求会不断发生变化,在不同的需求层级之间跳跃;层级性是指需求可以被划分为不同的层次。

根据马斯洛的需要层次论,人的需要可以被分为从低到高5个层次。通常情况下,低层次的需要被满足以后,人们会考虑满足更高层次的需要。5个需要层次分别是生理需要、安全需要、社交需要、尊重需要、自我实现需要。

对应到生态需求,可以分为底线需求和发展需求两个层级。其中满足生理方面和安全方面的生态需求属于底线需求,满足环境改善、增进交往、文化传承等方面的生态需求属于发展需求。

1. 底线需求

底线需求是保障人类福祉的最基本需求量。生态系统是人类赖以生存的生命支撑系统,提供了食物、水、空气等生态产品(主要由供给类服务提供),满足了人类的基础生理需求。研究中通常根据人口数量,选取粮食消耗量来做需求测度。基于安全方面的风险评估生态需求是目前较为常用的一种需求测度方法,通常会根据案例城市的主导生态风险,选择化解风险的生态策略,来测度生态安全的需求量。

2. 发展需求

发展需求主要关注生态系统服务对社会经济发展、精神美学和审美体验等需求的满足程度，侧重于调节服务、文化服务。需求测度多基于改善已有条件，创造良好的交往、活动空间（社交需要），或者满足未来的发展期望（自我实现需要），实现个体或者群体的差异化偏好（尊重需要）。

二、对生态系统服务需求的 3 种认知

对生态系统服务需求理解和定义的不同，在进行测度时所选取的因子和测算结果也会有所差异，因此进行需求测度研究时需要对生态系统服务需求给出清晰的界定。目前学界对生态系统服务需求的定义还没有形成一个被广泛接受的统一表述，不同学者在定义生态系统服务需求时存在差异，目前较为认可的是以下 3 种理解方式（表 7.1）。

表 7.1　生态系统服务需求的 3 种理解方式

需求解读视角	代表人物	定义重点	需求层次
从消费角度定义	Burkhard	强调当前阶段对自然资源的实际消耗	实际需求
从偏好角度定义	Villamagna、Schroter	强调从生态系统实际所得到的惠益与预期之间的差异	潜在需求
从支付意愿角度定义	Geijzendorffer	强调消费者对生态系统服务的感知程度和效用价值的判断	

一是 Burkhard 等从消费角度定义，认为生态系统服务需求是特定的时间和空间范围内被消费或使用的生态系统服务，强调当前阶段对自然资源的实际消耗。

二是 Villamagna 和 Schroter 等从社会或个体的偏好角度，将生态系统服务需求定义为被社会要求或渴望得到的生态系统服务的数量和质量，强调从生态系统实际所得到的惠益与预期之间的差异。

三是 Geijzendorffer 等认为生态系统服务需求是为获取或者保护某种生态系统服务所付出的支付意愿，如金钱、时间、距离成本等，反映了消费者对生态系统服务的感知程度和效用价值的判断。

总体而言，生态系统服务需求可分为实际需求和潜在需求两个层次。实际需求是指在一定时间和空间范围内已经从生态系统获取的惠益，即实际满足的需求；潜在需求是指因为一些限制因素（如可达性、成本、资源获取的技术限制等）还未能得到满足的需求，反映了人们的意愿、偏好及预期。

三、需求测度方法

需求测度方法是本章的重点内容。生态系统服务需求的测度是一个非常复杂的问题。基于对生态系统服务需求的不同理解，以及研究的不同出发点，存在着一系列迥异的测度方法。需要根据研究目的及需求特征来选择合适的方法。

当前，对于生态系统服务需求的测度方法主要包括生态模型法、主观参与法、土地开发指数法、法定定额法、灾害风险法、生态足迹法 6 种，其中前 5 种方法是城市生态规划领域常用的方法（表 7.2）。

表7.2 城市生态规划中的需求测度方法

名称	测度内容	测度重点	方法特点	
			优点	缺点
生态模型法	基于生态过程和生态理论建立生态模型，输入生态参数进行评估	依据生态过程计算的需求量	生态意义明确、指向清晰，能准确反映生态过程	数据要求高；缺少社会和经济方面的考量
主观参与法	采用问卷、访谈等形式，调查不同人群的生态认知理解和生态服务倾向	群体偏好与需求	直接反映不同人群的偏好与需求	耗时；工作量大；需保障被调查人群认知能力的准确性
土地开发指数法	利用社会经济指标（土地开发强度、GDP等）来表征人类对生态系统服务的需求强度和偏好	实际使用与消耗量	数据量小；操作方便；能够反映经济活动强度的生态需求关系	未能耦合现状生态环境；城市尺度准确性不够
法定定额法	以现行颁布的政府法规或行业标准为依据，评估生态需求	希望获取的生态量	标准明确、权威性和说服性强；结果易查询	“一刀切”，对城市个体差异考虑不足
灾害风险法	以保障地区生态安全为目标，以消除生态灾害与风险为重点进行测度	底线安全需求	测度方法与标准明确，有说服力	主要测度有灾害风险的生态因子，无法做全面生态评估

1. 生态模型法

生态模型法主要包括两类，一类是基于对生态过程和机理的充分理解，进行服务需求计算的集成式生态模型法（如当前应用最为广泛的InVest模型，参见鹤岗市案例）；另一类是基于社会统计数据，计算生态系统服务的消耗量的经验公式参数模型法。

需求层级：多属于底线生态系统服务需求，测量角度是当前的实际生态消费量。

测度因子：主要用于生态机理明晰、有成熟的生态计算模型的生态因子，包括雨洪调节、空气净化、水源涵养、固碳放氧、土壤保持等。以调节类服务和支持类服务的需求测度居多。

优点：生态模型法可移植性强，准确性较高，可以根据不同年份的动态数据进行不同场景下的供需关系分析。

不足：数据要求高，需要全面的数据支持和对生态模型运用限制因素的充分了解，不同生态因子之间不具有通用性;经验公式参数模型法缺乏对服务供给来源和空间异质性的考虑。

2. 主观参与法

主观参与法是基于利益相关者的认知、支付意愿和偏好,采用调查问卷、访谈等主观参与的方式对生态服务需求进行测度的方法。另外,邀请相关领域专家参与打分法也属于主观参与法(参见白洋淀案例)。

需求层级:属于发展生态系统服务需求,测量角度是不同社会团体或者众多社会个体的偏好与期望。

测度因子:主要用于文化类服务,此类服务无法制定统一标准,亦很难进行量化计算,故采用此方法来进行需求测度,包括游憩娱乐、审美体验、教育展示、历史保护等。

优点:使用简单,可以较真实地反映不同利益相关者的需求。

不足:主观性较强,调查者会因为自己的理解偏差和认识不足,导致测度结果不准确;耗时,工作量大;难以进行空间表现。

3. 土地开发指数法

总体而言,生态系统服务需求的数量和空间分布与人类的活动情况密切正相关。经济发展最活跃的区域,也通常是生态系统服务需求最强烈的区域(参见广东案例)。土地开发指数法是指跳出生态计算的圈子,采用类比计算的方法,以土地开发程度或人类活动经济强度来表征生态系统服务需求。

需求层级:属于发展生态系统服务需求,测量角度是不同经济社会发展区域的生态实际消耗量的差异。

测度因子:此方法测度的是不同地区的生态系统服务需求相对级差,无法给出明确的一种或者一类生态因子的需求数量。

优点:基础数据易获得(相较于生态数据,经济数据与社会发展数据易获取),操作方便;能较好地反映人类经济活动与生态系统服务需求的关系。

不足:未能耦合现状生态环境,亦不考虑生态过程与生态作用,测量结果缺乏明确的生态指向性;只能研判生态系统服务需求相对级差和空间分布状态,无法给出生态系统服务需求的绝对数量值。

4. 法定定额法

以国家、地方政府颁布的法规条文,或者地区行业标准(如欧盟颁布的环境标准)与规范为依据,测量地区达到相关阈值标准的生态需求量(参见哈尔滨市案例)。

需求层级:属于发展生态系统服务需求,测量角度是达到社会预期的生态质量与现实生态环境的差值。

测度因子:以调节类服务居多。国家规范与行业标准多对一些重要环境指标给出明确的底线要求,如空气质量、测声控制、水体净化、热岛效应等。

优点:有权威部门做背书,测度结果有明确依据,说服力强、可信度高。

不足:“一刀切”,对各地区的自身特征和资源差异缺乏考虑。

5. 灾害风险法

灾害风险法主要应用于对致灾因子的潜在威胁、伤害范围及损失程度进行测度,计算避免灾害风险发生的底线阈值,进而判定服务需求。

需求层级:底线需求测度,测量角度是保证地区生态安全的基础生态量或者最低生态保障量。

测度因子:以供给类服务、调节类服务为主,主要包括会导致地区生态风险的因子,如雨洪调节、粮食供给、水土保持、淡水供应等。

优点:依据明确,生态意义清晰;有相应的灾害风险理论与方法做支撑,计算结果价值大,说服力强。

不足:只能计算有风险阈值的生态因子,不能计算所有因子;属于底线需求测度,无法测度发展与偏好需求。

6. 生态足迹法

将不同的生态系统服务需求都统一换算成生产性土地,通过生产性土地面积来量化和测度生态系统服务需求。以提供生态产品的土地数量的供需差额来确定生态系统服务需求。

需求层级:属于发展生态系统服务需求,测量角度是以生态实际消耗量对应的土地来计算。

测度因子:侧重供给类服务和支持类服务。

优点:计算方便,操作性强;可评估生物生产功能。

不足:功能评估较为单一,多用于区域评估,不适宜于城市地区评估。实践应用较为少见。

四、需求测度中的多情景模拟

本书第三章讨论了生态系统服务的价值评估,即生态系统服务的量化测度。如果从供需的视角来解读,生态系统服务价值评估主要是探讨当前生态系统的供给数量和供给价值。本章所讨论的生态系统服务需求测度相比供给测度要复杂得多,主要表现在以下两个方面。

1. 需求的主观多义性

生态系统服务供给是个相对客观的价值量,会有一个稳定的固定值,我们需要考虑的是如何采用便捷、适当的方法来准确地测量出这个固定值。而生态系统服务需求是个相对主观的价值量,是对人类主观愿望的测度。基于不同的需求理解(包括消耗量解读、偏好量解读、安全量解读、通行标准量解读等),会测度出不同的需求值,而且这些值相互差别很大,各有各的道理。

2. 需求的动态变化性

生态系统服务需求是一个随着时代发展和社会进步而不断变更的弹性变量。在生态结构和生态量不发生重大变化的情况下,生态系统服务供给基本是一个稳定的量值,不会发生突发性的、急剧的变化。而需求作为一个与主观判断、社会发展紧密相关的概念,会随着人群更替和观念更新而不断地发生变化与调整。

为了更好地表征需求的这种动态变化和多解共存状态，研究中通常引入多情景分析的方法来测度城市生态系统服务需求。后文以鹤岗市为例，说明为应对未来发展的不确定性，采用多情景模拟的方法来测度城市不同发展预期下的生态系统服务需求状态。

第三节　生态系统服务需求测度案例研究

一、法定定额法：哈尔滨市香坊区案例①

在城市更新与转型的发展背景下，东北地区老工业城市生态问题的严重性不断加剧，生态系统服务需求也表现出迫切性与特殊性。为了更有针对性地指导东北老工业城市的绿地建设，需要对城市生态系统服务需求进行测度，以便从生态功能上进行绿地空间优化，在有限的城市空间发挥城市绿地的最大效益。

研究以哈尔滨市香坊区为案例，地段面积28.59 km^2，人口48.85万。地段内有第一个五年计划时期建设的量具厂、电机厂等重型工业企业6个，属于典型的东北老工业城区。该区域人口密度大，生态资源现状无法满足居民的需要，需要提高生态系统服务能力，重焕老工业区的生机与活力。

当前颁布的各类城市环境标准可以作为生态需求测度的根本依据，能得到符合实际的城市生态需求测度结果。研究根据法定定额法的特点提出了基于城市发展分析的生态需求测度方法，将生态问题、人口、国家标准作为需求测度的3个核心要素——以城市生态问题为导向选择生态因子，以城市人口特征和人群需求为测度切入点，以国家城市环境标准为测度依据，完成老工业城市生态系统服务需求的类型筛选、量化测度和空间制图。根据《环境空气质量标准》(GB 3095—2012)中PM2.5的限值测算了空气净化需求；根据《声环境质量标准》(GB 3096—2008)各种噪声的控制分贝测算了降噪需求；根据《海绵城市建设技术指南——低影响开发雨水系统构建(试行)》的雨水控制率测算了雨洪管理需求；根据人体呼吸碳氧平衡法测算了吸碳放氧需求；根据《国家园林城市系列标准》(2016)和《城市居住区规划设计标准》(GB 50180—2018)中的人均最低绿地率测算了游憩娱乐需求等。

用法定定额法测度生态系统服务需求具有较高的可行性和准确性。结果表明，不同生态系统服务类型的需求量以及空间分布存在明显差异，大部分因子需求最强的空间位置也是人口密度分布最大处，表明生态系统服务需求与人口密度分布的强烈关联性，测度结果也体现了研究区需求的真实性。最后通过分析各个服务类型的需求特性，有针对性地提出了哈尔滨市香坊区城市绿地系统规划的优化策略，以便通过有限的城市用地发挥城市绿地最大的服务能力和效率。

---

① 潘晓钰，吴远翔. 基于健康生活视角的东北老工业城市公共绿地研究[C]//中国风景园林学会. 中国风景园林学会2020年会论文集：上、下册. 北京：中国建筑工业出版社，2021.

二、生态模型法:鹤岗市空置土地案例①

鹤岗市是我国黑龙江省东北部一个典型的能源工业城市,主城区面积 341.6 km^2,共有兴山矿区等九大矿区分布在市区东部。近年来,随着煤矿资源的逐渐枯竭,经济滞缓和衰退、人口收缩等城市收缩问题日益凸显。其中,土地空置成为城市收缩过程中最为显著的副产品,在经济、社会和生态环境等方面限制了收缩城市的高质量发展。本案例通过对城市生态系统服务需求进行量化测度并完成空间制图,基于此评估城区空置土地的绿色基础设施规划潜力,为城市后期的治理与改造提供依据。

通过对鹤岗市生态环境、社会发展和经济转型的分析,筛选了空气净化等 5 种重要生态系统服务类型作为评估因子。以生态模型法为主要手段,对于城区空置土地进行生态系统服务需求测度。根据生态系统服务需求测度结果,将城区空置用地评估为 5 个开发潜力等级,并提出生态化保护、生态化更新、生态化兼容与土地储备 3 种规划策略。

(1)空气净化:以空气质量指数(air quality index,AQI)为基础数据,配合 GIS 的反距离权重插值,构建空气净化需求的评估方法。

(2)水体净化:依据生态圈层理论,基于 ArcGIS 的污染缓冲区(buffer)划定的水体净化和保护的量化手段。

(3)水土保持:基于通用土壤流失方程(USLE)模型的改进和修正,形成了修正通用土壤流失方程(RUSLE),以土壤侵蚀力、坡度、植被覆盖度、降雨侵蚀度等为模型参数,评估水土保持的威胁状态。

(4)塌陷区生态恢复:采煤塌陷区的塌陷深度是影响地表生态系统整体质量,恢复生态结构的核心因素。采用 ArcGIS 的深度层级分析模块进行评估。

(5)游憩娱乐:游憩娱乐需求评估的核心是可达性与公平性的分析。采用两步移动搜索法(2SFCA)对绿地资源的可达性做出评估。

三、主观参与法:白洋淀案例②

生态系统服务的可持续管理备受政策决策者的关注,如何实现区域间生态系统服务的对比及其考核尤为迫切。目前大多数的生态系统服务供给和人类需求在空间上是极不匹配的,甚至在很多地方出现“赤字”。因此,有必要探究生态系统服务供给与需求的耦合机制,推进生态系统服务从理论走向管理实践。

案例选取白洋淀流域为研究对象,2010 年该流域土地的 36.57% 为农业用地,9.35% 为建设用地,人类活动剧烈,生态系统服务供需矛盾较大。为了更好地将生态系统服务应用于实际管理,必须加入受益者分析,即需要进一步区分生态系统服务的潜在供给、实际供给和人类需求,而采用矩阵法分别对其进行专家打分,不仅能较真实地反映利益相关者

---

① 张纪明. 煤炭资源型收缩城市空置土地绿色基础设施规划的潜力评估[D]. 哈尔滨:哈尔滨工业大学,2021.

② 白杨,王敏,李晖,等. 生态系统服务供给与需求的理论与管理方法[J]. 生态学报,2017,37(17):5846-5852.

的需求，同时还可以较好地揭示流域内生态系统服务供给和需求在空间上的耦合特征。

研究采用 Burkhard 等提出的“0～5 分矩阵法”，邀请了 8 位从事相关领域且对评价区域较为熟悉的专家进行面对面访问，随即他们对白洋淀流域筛选出的 19 个类型的生态系统服务进行打分，采用算术平均及四舍五入的方法得到研究区域生态系统潜在供给、实际供给和人类需求的得分值(图 7.1)。为了对区域间生态系统服务整体特征进行比较，研究引入了生态系统服务供给率和供需比两个指数来进行表征，根据打分结果分别计算这两个指数，并结合 GIS 空间模拟技术，揭示生态系统服务供给与需求的空间特征。

潜在供给

	调节服务	气候调节	空气质量调节	水量调节	水质净化	土壤侵蚀调节	自然灾害调节	授粉	供给服务	农作物产品供给	能源供给	生物产品供给	木材产品供给	水产品供给	淡水供给	航运	文化服务	休憩娱乐	景观美好享受	知识与教育	文化传承	自然遗产
建设用地		0	0	0	0	0	0	0		0	0	0	0	0	0	0		0	0	0	2	0
城市绿地		2	3	2	2	2	1	2		0	0	0	0	0	0	0		3	3	1	2	1
旱地		2	1	2	0	0	1	2		5	5	0	0	0	0	0		1	1	2	3	0
水田		2	1	1	0	0	0	2		5	1	0	0	0	0	0		1	1	2	3	0
园地		2	2	2	1	2	2	5		4	1	0	2	0	0	0		3	2	2	4	1
阔叶林		5	5	4	5	5	4	4		0	1	0	5	0	0	0		5	5	5	4	5
针叶林		5	5	4	5	5	4	4		0	1	0	5	0	0	0		5	5	5	4	4
针阔混交林		5	5	4	5	5	4	4		0	1	0	5	0	0	0		5	5	5	4	5
草地		2	1	1	3	5	1	1		0	1	3	0	0	0	0		3	4	4	3	3
灌丛		2	2	1	3	4	1	2		0	2	1	1	0	0	0		2	3	4	2	2
裸地		0	0	0	1	1	0	0		0	0	0	0	0	0	0		2	3	2	2	1
草本沼泽		2	0	3	2	1	4	1		0	0	2	0	0	0	0		1	2	3	2	2
河流		3	0	4	4	0	3	0		0	2	0	0	4	5	5		4	4	4	3	3
湖泊/水库		4	0	5	3	0	3	0		0	1	0	0	5	5	4		5	4	4	3	3

实际供给

	调节服务	气候调节	空气质量调节	水量调节	水质净化	土壤侵蚀调节	自然灾害调节	授粉	供给服务	农作物产品供给	能源供给	生物产品供给	木材产品供给	水产品供给	淡水供给	航运	文化服务	休憩娱乐	景观美好享受	知识与教育	文化传承	自然遗产
建设用地		0	0	0	0	0	0	0		0	0	0	0	0	0	0		0	0	0	1	0
城市绿地		2	2	2	2	2	1	2		0	0	0	0	0	0	0		3	3	1	2	1
旱地		2	1	2	0	0	1	3		4	4	0	0	0	0	0		1	1	1	1	0
水田		2	1	4	0	0	0	1		4	1	0	0	0	0	0		1	1	1	2	0
园地		2	2	2	1	2	2	3		0	0	0	0	0	0	0		2	1	1	3	1
阔叶林		5	5	3	4	5	3	1		0	1	0	2	0	0	0		4	4	4	2	4
针叶林		5	5	3	4	5	3	1		0	1	0	2	0	0	0		4	4	4	2	3
针阔混交林		5	5	3	4	5	3	1		0	1	0	2	0	0	0		4	4	4	2	4
草地		2	0	1	3	5	1	2		0	0	2	0	0	0	0		3	4	4	2	2
灌丛		2	1	1	2	1	1	1		0	1	0	1	0	0	0		2	3	4	1	1
裸地		0	0	0	1	1	0	0		0	0	0	0	0	0	0		2	3	2	1	1
草本沼泽		2	0	2	2	1	4	1		0	0	1	0	0	0	0		1	2	3	1	1
河流		1	0	3	3	0	3	0		0	2	0	0	3	3	4		4	4	3	2	2
湖泊/水库		3	0	3	2	0	3	0		0	0	0	0	3	2	2		5	4	3	2	2

人类需求

	调节服务	气候调节	空气质量调节	水量调节	水质净化	土壤侵蚀调节	自然灾害调节	授粉	供给服务	农作物产品供给	能源供给	生物产品供给	木材产品供给	水产品供给	淡水供给	航运	文化服务	休憩娱乐	景观美好享受	知识与教育	文化传承	自然遗产
建设用地		5	5	4	5	2	5	1		5	5	5	3	5	5	5		4	4	3	4	4
城市绿地		3	2	2	0	0	2	2		0	1	1	0	0	2	0		4	4	2	2	1
旱地		2	1	2	0	3	2	3		0	1	0	0	0	0	0		0	0	1	1	0
水田		2	1	5	5	2	2	2		0	1	0	0	0	5	0		0	0	2	3	0
园地		2	1	2	3	1	3	3		0	1	0	1	0	0	0		2	1	2	3	0
阔叶林		0	0	0	0	0	0	0		0	0	0	0	0	0	0		0	0	0	0	0
针叶林		0	0	0	0	0	0	0		0	0	0	0	0	0	0		0	0	0	0	0
针阔混交林		0	0	0	0	0	0	0		0	0	0	0	0	0	0		0	0	0	0	0
草地		0	0	0	0	0	0	0		0	0	0	0	0	0	0		0	0	0	0	0
灌丛		0	0	0	0	0	0	0		0	0	0	0	0	0	0		0	0	0	0	0
裸地		0	0	0	0	0	0	0		0	0	0	0	0	0	0		0	0	0	0	0
草本沼泽		0	0	0	0	0	0	0		0	0	0	0	0	0	0		0	0	0	0	0
河流		0	0	0	0	0	0	0		0	0	0	0	0	0	0		0	0	0	0	0
湖泊/水库		0	0	0	0	0	0	0		0	0	0	0	0	0	0		0	0	0	0	0

图 7.1　白洋淀流域生态系统潜在供给、实际供给和人类需求矩阵

结果表明，白洋淀流域生态系统服务 2010 年的供给率和供需比分别是 0.496 6 和 0.113 1，说明该流域生态系统服务供给状态较好，且处于盈余状态，表明该流域内生态系统提供的服务整体上能够满足其内部对生态系统服务的需求或消耗，但这两个指标在空间上的差异很大，可以依此划定生态保护与补偿、生态建设与修复的区域。该研究结果能为区域生态环境管理和政策制定提供科学依据。

四、经验公式法：哈尔滨市中心城区案例①

在全面振兴东北的背景下，东北老工业城市生态空间不足导致的人居环境问题日益尖锐，而城区内大量低效工业用地给城市转型带来了诸多负面效应，其调整再开发为城市生态改善提供了契机。针对东北老工业城市独特的生态系统服务需求，以城市整体生态效益提升为导向来探讨低效工业用地的再开发策略，是符合当前城市发展阶段和特点的。

本案例以哈尔滨市中心城区为研究对象，研究区内共有低效工业用地 531 块，面积为 1 379.5 hm^2，数量大、比重高、分布零散，再开发需求迫切。同时，由于较早的工业化和城镇化，哈尔滨市在用地结构上普遍存在对城市生态空间的忽视，绿地率低，绿地质量不高，城市整体生态系统服务水平低。为了使有限的土地资源得以高效配置，研究从城市未来整体发展需求的视角测度低效工业用地再开发为绿地的需求程度。

筛选出研究区迫切的生态需求因子，选择法定定额法和经验公式参数模型法来进行测算。其中以法定定额法来确定其需求阈值，以基于多数据的经验公式参数模型法来计算其需求值。对于游憩娱乐需求，以《哈尔滨市城市品质提升行动方案（2022—2026）》提出的 15 min 社区生活圈模式来确定游憩需求范围，以人口密度、可达性、周围绿地面积等数据计算游憩需求程度。对于空气净化需求，以《环境空气质量标准》（GB 3095—2012）中 PM2.5 的限值确定空气净化阈值，以人口密度、PM2.5 超标浓度等数据计算空气净化需求程度。对于雨洪调节需求，以《室外排水设计标准》（GB 50014—2021）中综合径流系数 0.7 为雨水渗透阈值，以单一地形地类的径流系数、单一地形地类的面积、各汇水区的面积等数据计算雨洪调节需求程度等。最后，将各生态需求因子测度结果进行综合叠加分析，得到哈尔滨市低效工业用地转型为绿地的整体生态需求程度，并通过 GIS 手段进行空间制图。

结果表明，研究区整体生态需求呈现中间高、外围低的特点，这与中心区域人口密度大、城市建设时间早、绿地空间不足的现实情况相符。其中，有 139 块低效工业用地转型为绿地，面积为 475.2 hm^2。同时，根据各生态服务因子需求度的差异，将这 139 块“退二进绿”的低效工业用地变更为不同功能导向型的绿地，从而能更有针对性地缓解城市生态问题。

五、土地开发指数法：广东省各区县案例②

绿地生态网络是实现城市地域生态可持续的重要保障。目前的绿地生态网络建设仍侧重于土地利用等自然生境特征的服务供给，但城市化进程中公众对于自然生态系统服务的需求往往未能得到有效计量。同时，不同绿地生态网络建设区域在自然环境条件和经济发展上的差异也造成了生态系统服务需求与生态本底在空间上不匹配的问题，未能

---

① 赖燚，吴远翔. 东北老工业城市低效工业用地再开发研究[J]. 低温建筑技术，2023，45(12)：1-4，9.

② 彭建，杨旸，谢盼，等. 基于生态系统服务供需的广东省绿地生态网络建设分区[J]. 生态学报，2017，37(13)：4562-4572.

有效达到城市发展与环境保护相协调的规划目标,因此绿地生态网络需要进行分区管控,实现差异化建设。

广东省人口经济与资源环境难以有效协调的压力,导致省域绿道网络建设长期存在生态系统服务供需空间错位问题。通过测算区域生态系统服务供给和需求,分析供需的空间特征及平衡状况,可以为绿地生态网络差异化建设提供定量依据。

为了更好地为绿地生态网络差异化建设提供定量依据,研究以县域为测算单元,分别以生态系统服务供给量和需求量来代表各建设区域生态本底和生态需求状况。供给量取决于生态系统自身状况,采用修正的生态系统服务价值当量进行核算。需求量则取决于社会经济发展水平,一般经济发展水平越高的区域,也通常是生态需求越强烈的区域,因此在这里以土地开发指数法进行测算,选取社会经济指标中的土地利用开发程度、人口密度和地均 GDP 3 个具体指标来表征。其中,土地利用开发程度反映人类对生态系统服务的消耗强度;人口密度反映人类对生态系统服务需求的数量;地均 GDP 反映地区的富裕程度,间接反映人类对享受生态系统服务的偏好水平。最后,根据各区县核算结果做供需空间匹配分析,并基于分析结果提出广东省绿地生态网络建设分区方案。

结果表明,生态系统服务需求高值主要集中在珠江三角洲核心区,并呈环状向周围递减分布,需求分布格局由人口密度、土地利用开发程度和地均 GDP 3 者共同决定,但与人口密度分布最为接近。同时,根据各区县的生态本底和生态需求测算差异,可将全省 123 个区县划分为四大绿地生态网络建设类型区,通过分区指导绿地生态网络的差异化建设,可为进一步开展广东省绿地生态网络建设提供决策指引。

六、需求测度的多情景模拟:鹤岗市收缩城市案例①

20 世纪后期,在郊区化、去工业化、全球化、金融危机和城市转型的影响下,一些城市出现了明显的城市收缩特征,如经济水平下降、增长速度缓慢、人口减少等,这种现象带来了城市经济衰退、空间品质下降、城市活力下降和生态环境恶化等负面问题。在此背景下,城市空间的均衡格局被打破,城市生态系统服务的需求空间失衡更严重。随着煤炭资源的逐渐枯竭,鹤岗市支柱产业——采矿业不断微缩,人口外流,城市表现出强烈的收缩化特征。

根据国际、国内收缩城市的发展经验,收缩城市的发展轨迹可以归纳为持续收缩、精明收缩和再增长 3 个路径(图 7.2)。为了准确地描绘收缩城市的生态需求,本书以鹤岗市为例,在总结现有生态需求测度方法的基础上,针对收缩城市特点,提出“多维度-多情景”的需求测度法。首先,该方法从产业、社会和环境 3 个方面,选择 GDP、土地开发强度、人口密度、游憩娱乐、土壤保持和水体净化 6 个指标构建“多维度-多情景”需求测度指标体系(表 7.3),并采用生态模型法和产业需求法来测算;其次,运用 SPSSAU 软件建立结构层次模型(准则层、指标层),制定生态系统服务需求的量化体系,决定因子权重;

① 吴远翔,梁凡,曲可晴,等.多情景模拟下收缩城市生态需求测度与规划策略研究——以鹤岗市为例[J].生态经济,2024,40(5):89-94,117.

再次,采用多因子叠加的方式对各个因子进行量化计算;最后,基于收缩城市的 3 种发展情景,计算鹤岗市 2035 年 3 种情景下的生态系统服务需求。

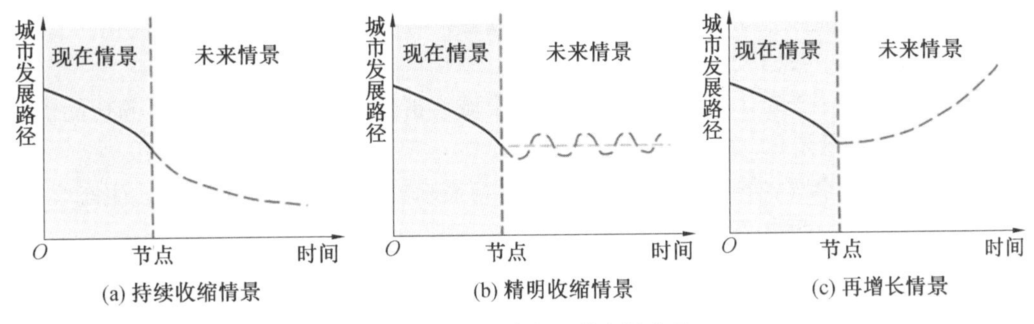

图 7.2　收缩城市的 3 种发展路径

基于测度结果可知,鹤岗市生态需求总量在持续收缩、精明收缩、再增长 3 种发展前景中,阶梯递增。根据测度结果,提出尊重收缩、活力维护和产业振兴等 6 项生态管控策略,以此应对收缩城市未来发展的不确定性。研究结果可以为收缩城市的生态管理、生态建设提供依据和参考,并作为城市绿色基础设施规划的重要基础数据。

表 7.3　收缩城市生态系统服务需求的评估体系与指标权重

准则层	选择依据	权重		指标层:生态因子	量化/表征方法
生态	改善生态环境,解决生态问题	0.30	0.15	水体净化	缓冲区法
			0.15	土壤保持	修正通用土壤流失方程(RUSLE)
社会	社会发展的生态系统服务需求强度	0.37	0.14	游憩娱乐	可达性计算
			0.23	人口密度	综合增长率法
经济	产业替代与产业升级的生态系统服务需求	0.33	0.19	GDP	综合增长率法
			0.14	土地开发强度	夜间灯光指数

本章参考文献

[1]马琳, 刘浩, 彭建, 等. 生态系统服务供给和需求研究进展[J]. 地理学报, 2017, 72(7): 1277-1289.

[2]严岩, 朱捷缘, 吴钢, 等. 生态系统服务需求、供给和消费研究进展[J]. 生态学报, 2017, 37(8): 2489-2496.

[3]李征远, 李胜鹏, 曹银贵, 等. 生态系统服务供给与需求:基础内涵与实践应用[J]. 农业资源与环境学报, 2022, 39(3): 456-466.

[4]彭建, 汪安, 刘焱序, 等. 城市生态用地需求测算研究进展与展望[J]. 地理学报, 2015, 70(2): 333-346.

[5]潘晓钰. 东北老工业城市生态系统服务需求测度方法研究[D]. 哈尔滨:哈尔滨工业大学, 2020.

[6]WANG J, ZHAI T L, LIN Y F, et al. Spatial imbalance and changes in supply and

demand of ecosystem services in China[J]. Science of The Total Environment, 2018, 657:781-791.

[7]赵诚诚, 潘竟虎. 基于供需视角的黄河流域甘肃段生态安全格局识别与优化[J]. 生态学报, 2022, 42(17): 6973-6984.

[8]邵明, 李方正, 李雄. 基于多源数据的成渝城市群绿色空间生态系统服务功能供需评价[J]. 风景园林, 2021, 28(1): 60-66.

[9]白杨, 王敏, 李晖, 等. 生态系统服务供给与需求的理论与管理方法[J]. 生态学报, 2017, 37(17): 5846-5852.

[10]WOLFF S, SCHULP C J E, VERBURG P H. Mapping ecosystem services demand: A review of current research and future perspectives[J]. Ecological Indicators, 2015, 55: 159-171.

第八章　生态系统服务的权衡与协同

第一节　生态系统服务的权衡与协同概述

一、产生背景:生态系统服务之间的作用与影响

目前,生态系统服务研究已成为国内外生态学和相关学科研究的热点领域,并取得了较多的研究成果。然而,一些与社会实践相关的科学难题急需得到解决。

第一,在自然资源限制日益突出的情形下,一种生态系统服务或人类活动的增加常常会导致其他服务和活动的减少。20 世纪,供给服务的增加以调节服务、文化服务的降低代价。如今我们必须同时考虑多种生态系统服务和多种生产功能,而不仅仅追逐一种服务的收益,因为任何一种生态系统服务都或正或负地与其他服务相关。要兼顾多种生态系统服务,使其效益最大化。生态系统服务之间相互作用的关系如何? 有几种外在表现形式? 是权衡、协同抑或是无关? 这些都是需要回答的问题。

第二,现在的科学认知水平虽然能够较好地理解森林砍伐与土壤侵蚀、水质下降以及降低洪水控制之间的因果关系,但不能从数量上测定森林砍伐对这些生态系统服务的影响,同时也不能精确地认识到资源被开发到何种程度而不使生态系统的功能与服务发生不可逆变化。在外界条件的扰动下,生态系统服务非线性特征如何,其变化是否存在阈值效应? 这个问题仍然没有解决。

第三,生态系统服务研究与应用的另一个挑战:在受到外界因素作用后,不同的生态系统服务响应的时间和空间尺度不同,即生态系统服务之间的相互作用,可以发生在当下,也可以发生于服务现在和未来提供之间。例如,在密西西比河谷由于大量施用化肥带来的生产力增加产生了快速的经济收益,然而在农业增产后的 20 年,墨西哥湾才出现了"死亡地带"。生态系统服务之间权衡与协同关系存在什么样的时空尺度效应? 在管理实践中,怎样才能避免尺度不匹配造成的管理效能低下和管理措施的缺失? 在分析生态系统服务之间多重非线性关系的基础上,辨识不同尺度下权衡与协同形成的驱动因素、类型特征、响应速率及时空格局,对于深化生态系统服务研究具有重要意义。

通过以上论述可以发现,生态系统服务并不是孤立存在的,各服务间存在着高度的复杂性和非线性关系。这就意味着,当我们优化一个服务时,可能会导致其他服务的降低或损失。而且,这种生态系统服务之间的相互作用不仅可能在空间和时间尺度上发生,也可能在不同的生态系统服务供给和需求之间出现。

人类在发展时需要对自然与社会两个系统进行复杂的耦合分析。对土地的选择性使用,产生了生态系统服务的权衡与协同,这是人类社会活动影响自然生态系统的产物。这

种分析方法有助于我们更好地理解生态系统与社会经济系统之间的互动关系。

二、基础概念

1. 生态系统服务的权衡(tradeoffs)

生态系统服务的权衡指的是通过某一种生态系统服务的使用增加可能会导致其他类型服务的减少,揭示了生态系统服务之间的负相关关系。这是因为人类的需求是多元的,但生态系统的资源是有限的,不同服务之间需要争抢这些资源,而当过度优先某一种服务时,可能会牺牲其他服务。例如,在开垦农田提高农业生产供给服务的同时,不仅会降低水质,还会使土壤受到侵蚀,并影响到生物多样性。

2. 生态系统服务的协同(synergies 或 co-benefits)

生态系统服务的协同指的是通过适当的生态管理、生态修复、政策实施等方式,能够使两种或多种生态系统服务同时增强,在一些服务之间起到相互促进的作用,揭示了生态系统服务之间的正相关关系。例如,恢复和保护湿地生态系统不仅可以增加生物多样性,还可以提高水质,同时为人类提供休闲娱乐的场所。

三、研究进展

1. 国内外研究进展

2005 年,MEA 在报告中首次提及了生态系统服务的权衡与协同。生态系统服务的权衡表现在特定的时空尺度内,当一个生态系统服务的供给水平提高时,其代价是降低其生态系统的复原力和其他生态系统服务的供给功能;相反,协同关系表现为各种服务供应能力的共同增加或减少。

国外代表性的研究包括:Bekele 等人将流域建模与多目标进化算法进行融合,模拟评估了非点源污染控制、农业生产等多类生态系统服务,并提出了生态系统服务权衡方案;Naidoo 等人比较了生态系统服务地图和传统生物多样性保护目标的全球分布,提出了生物多样性与生态系统服务之间的协同和权衡关系的重要性;Bradford 等人通过长期森林管理试验,对碳循环和生态复杂性目标进行权衡,提出了一种理解利益与权衡的方法。

国内代表性的研究包括:李屹峰等人研究了密云水库流域 4 种生态系统服务的动态变化及相互之间的权衡关系;杨晓楠等人分析了关中-天水经济区的耕地、林地、草地景观中各生态系统服务间的权衡与协同关系;王鹏涛等人对汉江上游流域 2000—2013 年的土壤保持服务、产水服务、植被净初级生产力(net primary productivity,NPP)服务等之间的权衡与协同关系的时空变化进行了分析。

然而,无论是国内还是国际的研究,都还处于理论分析与模型模拟阶段,将这些研究成果转化为实际的决策应用,仍需要进一步的努力。

2. 研究领域分析

在生态系统服务权衡与协同的研究中,权衡部分是研究重点。截至 2020 年,全球 50 多个国家和地区的作者发表了 473 篇有关生态系统服务权衡的研究。研究生态系统服务中权衡关系的方法论主要包括 4 种类型:统计学分析、空间分析、模型情景分析、描述性分析。在所有选定的研究中，超过一半（54%）使用统计学分析来评估生态系统服务中的权衡。

在分析内容方面，2/3 的研究仅基于生态系统服务权衡的空间分析，而其余 1/3 则基于空间和时间分析。在空间范围方面，大多数研究在景观水平（39%）和流域（22%）范围。在土地利用类型方面，大多数研究是在混合土地利用类型（45%）进行的，其次是林地（25%）、农田（15%）、牧场/草地（5%）和其他类型（10%）。

在生态系统服务的观察频率方面，调节服务生态系统服务的研究最多（37%），其次是供给、支持和文化服务，分别占所选文章的 34%、19% 和 10%。碳和气候服务是最常观察到的生态系统服务，该内容在超过 53% 的选定文献中进行了研究，其次是作物和谷物（50%）、生物多样性（34%）、水资源保护和调节（32%）。

在生态系统服务权衡关系的研究中，供给和调节服务之间发生权衡关系的频率最高（62%），其次是供给和支持服务（45%）、供给和文化服务（25%）。各种驱动因素导致生态系统服务之间存在权衡，其中生态驱动力最为突出（65%），其次是社会（55%）、经济（23%）和制度驱动力（7%）。

四、实践应用

党的十八大报告提出，把生态文明建设纳入中国特色社会主义事业“五位一体”总体布局，要求在发展的同时加强生态保护，必须在发展与保护之间找到平衡点，这客观上要求强化生态系统生产功能与环境调节、支持功能的权衡分析，以期为各个层次的区域发展与生态建设提供决策依据。

理解并管理生态系统服务的权衡与协同至关重要。认识到生态系统服务的权衡关系可以避免过度依赖某项生态系统服务而牺牲其他服务。通过优化生态系统服务组合，实现各服务的协同增长，为社会提供更多福祉。科学管理生态系统服务有助于在维护生态环境和推动经济发展之间找到平衡，实现人与自然和谐共生。

从具体应用层面来说，首先，生态系统服务的权衡与协同分析，可以为区域国土规划、生物多样性保护和生态补偿等提供科学依据。例如，砍伐森林用于农业生产会增加食物的供应，但可能导致生物多样性减少、森林净化水源和调节气候作用的下降。设定发展优先、保护优先以及两者兼顾等一系列土地利用情景，通过权衡与协同分析，厘定多种生态系统服务的数量消长及空间分布变化，然后与区域发展目标相联系，可以选择最优的土地利用规划方案，并提出相应的管控措施。其次，生态系统服务在当前和未来利用之间也存在权衡。例如，当前的过度放牧会使牧场未来载畜能力及适应极端天气气候事件的能力下降。通过时间上的权衡分析，找到现实的资源利用强度，才能维持生态系统供给服务的流，降低环境和社会应对突发事件的脆弱性。在现实和未来的生态系统服务利用上找到平衡点，有利于区域社会经济的可持续发展。

第二节　生态系统服务的权衡与协同的理论和方法

一、权衡的类型

2006 年 Rodriguez 发表的 *Trade-offs across space, time, and ecosystem services* 提出，生态系统服务的权衡分类，包括空间、时间尺度上的权衡以及可逆性和服务之间的权衡。

1. 空间上的权衡

空间上的权衡是生态系统服务权衡的主要表现形式，指在特定的地理位置或空间区域进行的决策或活动，如何影响在其他地方或区域提供的生态系统服务。举例来说，如果在某个地区扩大农业活动，可能会增加粮食生产这一服务的提供，但这可能会牺牲了其他地方的生态系统服务，如森林地区可能因为森林砍伐而影响其生物多样性维护和碳固存服务。

2. 时间上的权衡

时间上的权衡指短期决策或行动带来的生态系统服务效果与这些决策或行动在长期内可能带来的效果之间的权衡。短期的经济收益可能推动人们过度开采自然资源，如过度捕鱼可能立即带来经济效益，但长期来看，这可能会导致鱼类资源的枯竭，影响未来的鱼类供给。

3. 可逆性的权衡

可逆性的权衡指对生态系统服务的改变在程度上是否可以逆转的考量。有些生态系统服务的改变是可以逆转的，如对森林的砍伐，如果进行适当的再造林措施，森林的部分功能是可以恢复的。但有些改变是难以逆转的，如湿地的填埋，一旦填埋，湿地原有的水净化、碳固存等生态系统服务可能就无法恢复。

4. 服务之间的权衡

服务之间的权衡指在提升某项生态系统服务时可能导致其他服务降低的情况的权衡。例如，农田的过度施肥可能会增加粮食产量，这是食物生产服务的提高，但同时可能会带来水质恶化和生物多样性减少，这就体现了食物生产服务与水净化服务、生物多样性维护服务之间的权衡。

二、权衡的研究框架

生态系统服务权衡的研究框架如图 8.1 所示。

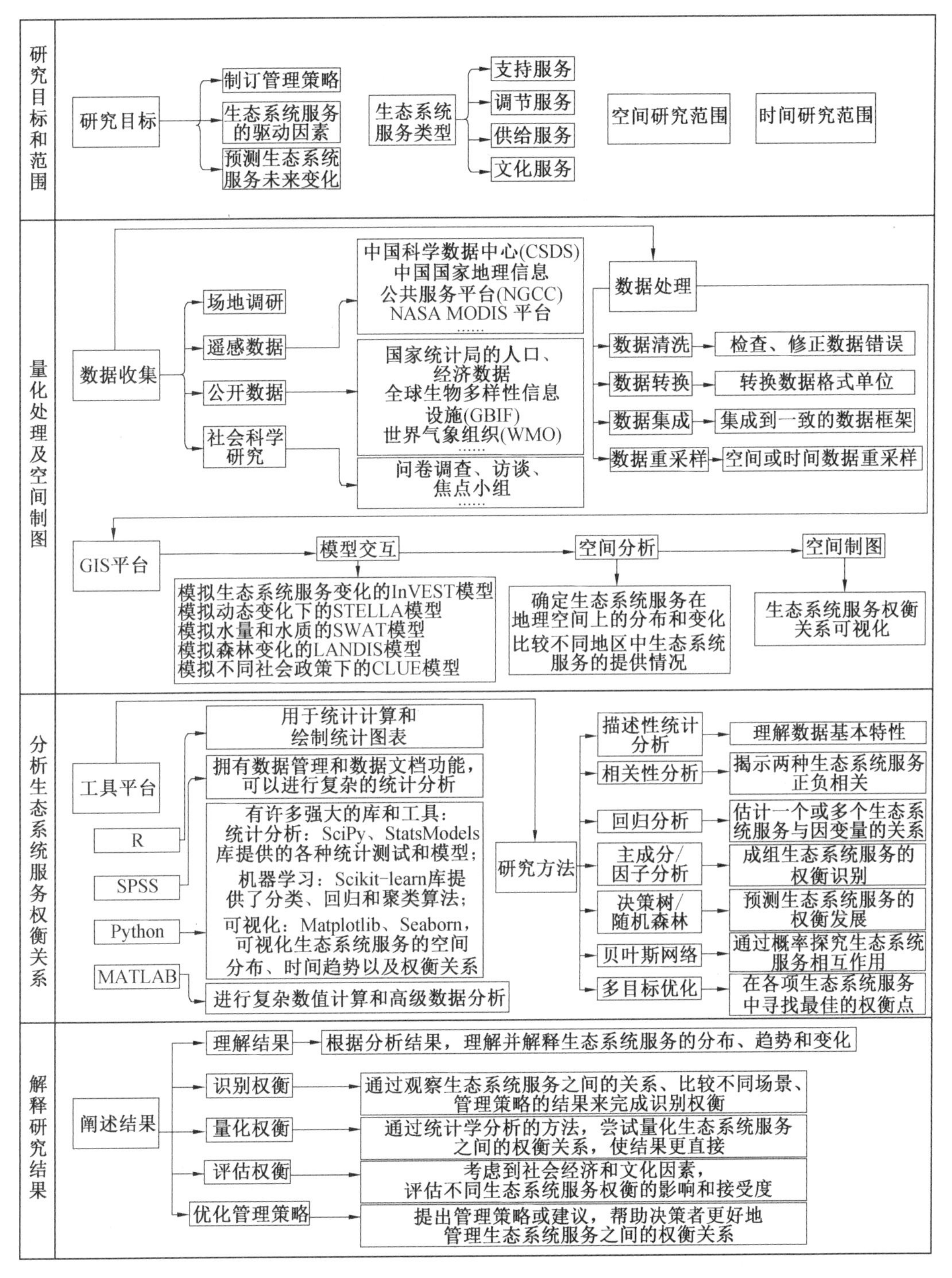

图 8.1　生态系统服务权衡的研究框架

三、权衡的识别方法

生态系统服务权衡关系的识别是权衡协同研究的核心内容。权衡的识别主要包括数理统计分析、主成分分析、机器学习、情景模拟等方法。其中数理统计分析法是目前应用最多的方法。

1. 数理统计分析法

数理统计分析法就是根据各生态系统服务的量化计算值,用数理统计的方法对生态系统服务值进行分组、分类分析,发现它们之间的权衡与协同关系并加以描述,包括以下几种方法。

(1)描述性统计分析法:用于总结、组织和简化数据的统计方法。它提供了数据的“描述”或“概要”,从而使研究者可以更好地理解数据的基本特性。包括中心趋势度量、离散程度度量、形状度量等方法。

(2)相关性分析:用于确定两个或多个变量之间是否存在关系。在生态系统服务权衡识别中,相关性分析可以揭示两种服务是否呈现出正相关或负相关,用于识别可能存在的权衡或协同效应。典型的有 Pearson 相关分析和 Spearman 秩相关性分析。

(3)回归分析:用于研究变量之间的关系,是估计一个或多个自变量与因变量之间关系的最佳方式。常用的有线性回归(linear regression)、逻辑回归(logistic regression)、多项式回归(polynomial regression)、泊松回归(poisson regression)、生存分析及 Cox 回归分析。在生态系统服务权衡识别中,回归分析可以帮助研究者理解改变一个生态系统服务可能影响其他服务。

(4)贝叶斯网络(bayesian network):一个概率图算法模型,可以把发生的概率性事件图形化表达出来,主要用于了解和预测生态系统服务之间的关系。它可以用图的形式表示一组不同的生态系统服务之间的条件依赖关系。

2. 主成分分析法

主成分分析法用于从多变量数据中提取关键信息,包括主成分分析(PCA)和因子分析(FA)。通常用于成组生态系统服务间权衡关系识别。这两种方法都可以帮助研究者从复杂的生态系统服务数据中提取关键的权衡信息,从而为生态系统管理和决策提供依据。

3. 机器学习法

人工智能的不断发展为数据分析、建立发展预测模型提供了更多的可能性和广阔的发展空间。具有代表性的机器学习法包括决策树和随机森林模型。

决策树(decision tree):主要用于分类和回归问题。在决策树中,每个内部节点代表一个特征(或属性),每个分支代表这个特征在一定条件下的输出,每个叶节点代表一种决策结果。决策树模型可以预测各种因素对生态系统服务的影响,以及这些因素之间的相互作用。

随机森林(random forest):通过创建多个决策树并取其预测结果的平均值来提高预测的精度和准确性。随机森林在生态系统服务权衡识别中的应用包括预测生态系统服务的变化、评估不同因素对生态系统服务影响的重要性,以及理解更为复杂的非线性关系和相互作用。

4. 情景模拟法

情景模拟法通过制定若干气候变化、生态保护或社会经济发展优先或兼顾的情景来分析生态系统服务价值及作用关系的动态变化。在现实的生态管理中，往往存在管控多目标且多目标相互冲突的情况。为寻求最佳解决方案，可以采用不同的发展情景模拟，来分析、锁定兼顾多目标的最佳权衡点，确定生态系统服务的权衡关系。情景模拟法包括以下几种方法。

（1）权重分析法（weight analysis method）：将各生态系统服务赋予不同的权重，将多目标优化问题转化为单目标优化问题。

（2）理想点法（ideal point method）：设定一个“理想点”，这个点代表所有目标生态系统服务的最优状态，然后计算每一个可能的决策方案与这个理想点的距离，距离最近的方案被视为最优方案。

（3）遗传算法（genetic algorithm）：一种搜索优化技术，灵感来源于自然界的生物进化机制。

四、权衡的驱动因素

1. 生态因素

生态系统的稳定性和韧性：生态系统对生态扰动的抵抗能力和从扰动中恢复的能力，是生态系统服务权衡的关键因素。例如，由于气候变化或人为干扰导致的生态系统稳定性和韧性的降低，可能会影响生态系统的生产力，进而影响其提供的食物、材料或能源等生态系统服务。

2. 社会因素

公众认知：公众对生态系统服务的认知和理解会影响他们对生态系统的使用和管理。如果公众认识到湿地、森林等生态系统不仅可以提供经济利益，还可以提供生态保护的重要服务，他们可能会倾向于支持更可持续、全面的管理策略，这会影响生态系统服务的权衡。

社会公正：社会公正也影响生态系统服务的权衡。例如，如果某一生态系统服务的开发对社区的某些群体造成了不公，这可能导致社会冲突和权益问题，进而影响生态系统服务的权衡。

3. 经济因素

市场需求：市场对不同生态系统服务的需求可能导致对某些服务的过度开发。例如，如果市场对木材的需求高，可能导致森林的过度开采，从而破坏森林生态系统提供的其他服务。

政策干预：政府的经济政策也会影响生态系统服务的权衡。例如，如果政府提供农业补贴，可能会导致对农业用地的过度开发，从而破坏其他生态系统服务；反之，如果政府对生物多样性提供经济激励，可能会增强这些服务，从而影响生态系统服务的权衡。

总体来说，生态系统服务权衡的驱动因素是多元和互动的，需要综合考虑生态、社会、经济等多个角度。制定生态系统管理政策时，应该充分考虑这些因素，以实现生态系统服务的最优权衡。

五、协同的发生规律

生态系统服务的协同情况产生的本质是，多个生态系统服务同时依赖于同一种生态过程或功能。例如，在森林生态系统中，生物多样性保护、碳汇以及水源涵养都依赖于森林的健康和完整。生物多样性保护需要森林为各种物种提供栖息地；碳汇需要森林的植物通过光合作用吸收大气中的二氧化碳；水源涵养需要森林的土壤和植被来调节水流，防止洪水和干旱。因此，对森林的保护和管理，如防止非法砍伐、控制森林火灾等，可以同时提升森林内的生态系统服务。

第三节　生态系统服务的权衡与协同案例研究

一、空间跨度下的生态系统服务权衡识别：基于多种模型模拟的秦巴山区案例①

秦巴山区是我国南北过渡带的一部分，地貌特征复杂，具有多维地带性结构。在秦巴山区的土地利用中，存在复杂的生态系统服务权衡和协同关系。为了更好地理解并应用生态系统服务权衡和协同关系，需要对其进行多尺度的分析和评估，具体包括全域尺度、综合分区尺度、典型样区尺度、样点间隔尺度，以揭示秦巴山区的生态系统服务相互作用的特点和规律。

秦巴山区的生态系统服务，包括植被净初级生产力（NPP）、粮食生产、土壤保持、生境质量和水资源供给，在各个尺度上都存在一定的权衡和协同关系，这种现象在不同空间尺度上表现出明显的差异。

研究采用了多种数据获取和处理方法，数据获取包括 CASA 模型、RUSLE、InVEST 模型和多元线性回归方程，以获取 NPP、土壤保持、水资源供给、生境质量和粮食生产等生态系统服务的数据。通过描述性统计分析、相关性分析、回归分析等统计学分析方法，计算 2005—2015 年生态系统服务间的相关系数，对结果进行检验，得到各生态系统服务之间的相关性（图 8.2），并将结果划分为 6 个等级：显著协同、较显著协同、协同、权衡、较显著权衡、显著权衡。在此基础上，研究引入了生态系统服务权衡与协同关系强度和尺度两个指数来进行描述，并结合 GIS 空间模拟技术，揭示生态系统服务权衡与协同关系的空间特征。

结果表明，秦巴山区生态系统服务权衡与协同关系的强度和尺度有显著的空间差异。这种差异在不同尺度下表现出不同的特点，可以为生态保护和管理、政策制定提供科学依据。

（1）在全域尺度上，水资源供给与生境质量、土壤保持、NPP 和粮食生产呈现协同关

① 余玉洋，李晶. 秦巴山区典型生态系统固碳服务域外效应及其生态补偿研究[J]. 陕西师范大学学报（自然科学版），2022，50（4）：13-20，2.

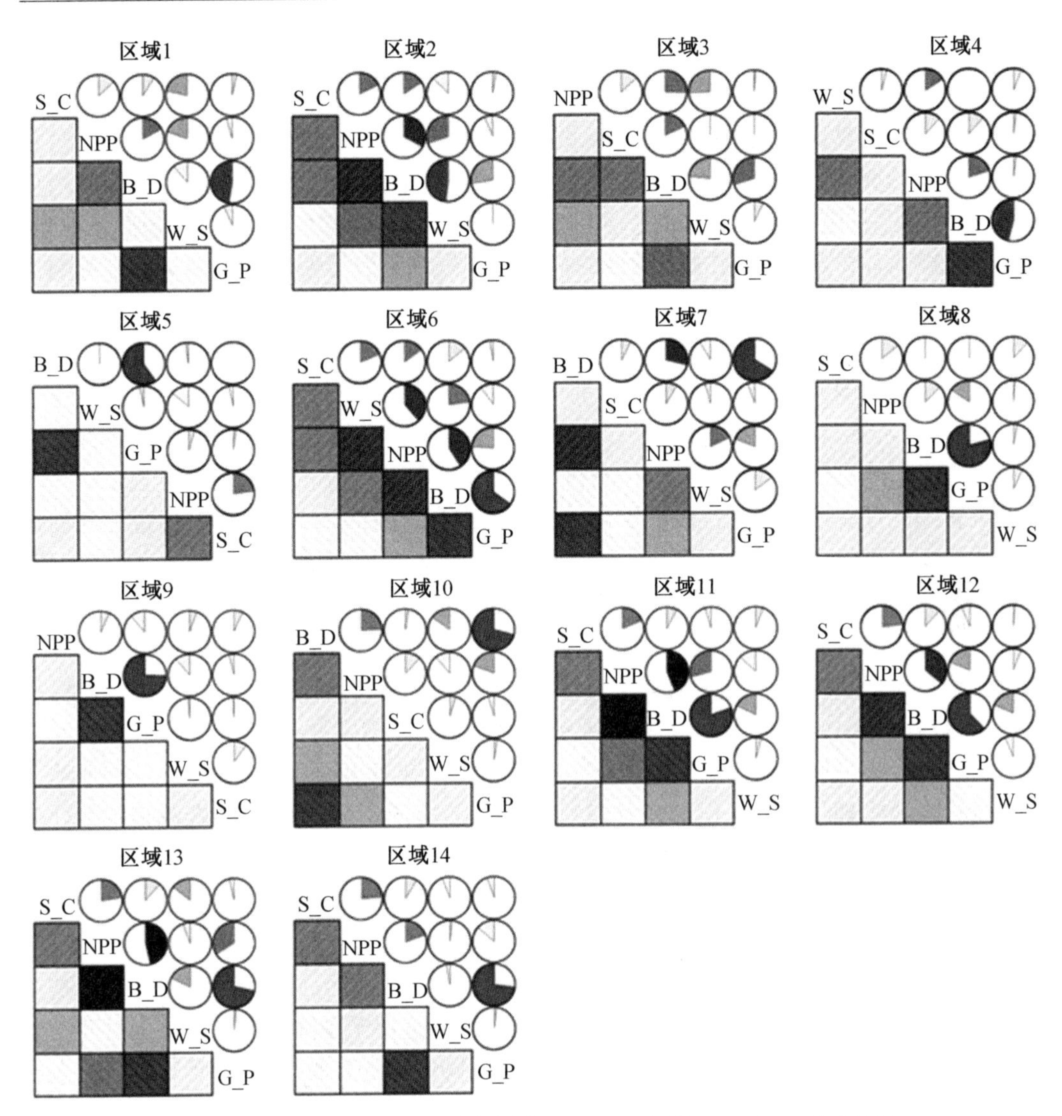

S_C—土壤保持；W_S—水资源供给；B_D—生境质量；G_P—粮食生产。

图 8.2　秦巴山区分区尺度生态系统服务相关性饼图

系；NPP 与生境质量、土壤保持呈现协同关系；生境质量与土壤保持之间存在协同关系；而粮食生产与生境质量、土壤保持之间存在权衡关系。

(2)在综合分区尺度上，根据地貌和气候类型进行划分，不同区域内的生态系统服务关系会有异同，受不同影响机制的影响，生态系统服务关系在综合分区的表现也有所差异。

二、时间跨度下的生态系统服务权衡识别：基于多目标优化模型的 Deschutes 国家森林案例①

森林火灾会对森林生态系统服务带来严重危害。首先，火灾后的土壤表层易受侵蚀，大量泥沙及燃烧残留物随着雨水冲刷进入水体，加剧水体的浑浊程度，使得水质受到严重污染，影响水源供应和水生生物的生存环境；其次，森林火灾还会对动物栖息地产生破坏，火灾会烧毁大片树木，使动物失去天然的栖息和繁衍地。为了使森林火灾对环境影响最小化，可以进行如疏伐、清除枯枝落叶或有控燃烧等人为干预策略，但是这种干预策略又会对森林生态系统服务产生一定负面影响，因此需要对其中的相互关系进行权衡研究。

本书选择美国 Deschutes 国家森林的 Drink 森林规划区进行研究，该区域无人为干预，植被极为密集，森林野火频发。因此，本书对人为干预最小化森林火灾危害与保护水质及北斑枭（NSO）栖息地之间的权衡进行量化研究。研究模拟的规划期设定为 40 年，并根据沉积物处理效果的持久性以及植被生长速度细分为两个 20 年的周期，通过建立多目标优化模型找到最佳处理措施，以降低火灾对周边生态环境产生的危害。本书以数据驱动、时间动态规划的方法有效地揭示长期森林管理策略的影响并指导实践。

研究使用混合整数线性规划（MILP）进行多目标优化，依据火焰和燃料扩展（FFE）、水蚀预测项目（WEPP）、土壤流失方程（USLE）等模型及公开数据库获取所需数据。模型将研究区域分为 303 个处理单元，并赋予每个单元二元决策变量，代表在每个规划周期内是否需要进行火灾风险降低的处理。构建模型 L 和模型 H 两个情景，分别设定每个单元可以进行森林管理干预的面积比例为 17% 和 34%。通过模型模拟，研究者观察每个处理单元在每个规划周期的处理决策对于人为干预火灾危害最小化、水质影响以及 NSO 栖息地的影响。最终模拟结果通过权衡曲线量化了时间规划期内可能对生态系统产生的负面影响。

研究结果显示，人工手段降低火灾风险可能导致水质恶化，如沉积物增加，特别是在宽泛干预的模型 H 情景下；在保护 NSO 栖息地的同时进行干预降低火灾风险会对其栖息地造成损害，这一权衡在达到一定的火灾危害降低阈值后更为明显；在没有进行任何人为干预时，水质和 NSO 栖息地可以同时得到保护。研究者提供了 10 种可能的解决方案，需要在火灾危害降低、水质和栖息地保护之间进行权衡。

三、生态系统服务权衡与协同的驱动因素分析：基于贝叶斯网络的黄土高原案例②

陕北黄土高原地区是我国重要的农业生产区，同时也是世界上最大的连续黄土分布区，该地区的生态系统服务非常重要，为人类提供了多种生存所需的自然服务。理解该地区的生态系统服务的权衡与协同关系及其驱动因素，对于实现生态系统的有效管理，改善

---

① SCHRODER S A K, TÓTH S F. DEAL R L, et al. Multi-objective optimization to evaluate tradeoffs among forest ecosystem services following fire hazard reduction in the Deshutes National Forest, USA [J]. Ecosystem Services, 2016(22): 328-347.

② 本案例来源于本章参考文献[9]。

人类福祉，以及制定有效的生态保护和修复策略非常关键。

案例定量评估了2018年陕北黄土高原的4种主要生态系统服务，即土壤保持、产水服务、粮食供给和固碳服务。基于贝叶斯网络构建生态系统服务模型，并通过节点的重要性分析，识别影响生态系统服务的关键节点。利用联合概率分布、概率推理和情景模拟，探讨生态系统服务的权衡与协同关系及其驱动因子效应。

案例采用贝叶斯网络模型来研究生态系统服务的权衡与协同关系，选择了10个变量，即人口密度、坡度、降水、土地利用、气温、归一化植被系数（NDVI）、土壤可蚀性、降雨侵蚀、蒸散发、NPP作为影响因子节点，并将土壤保持、产水服务、粮食供给和固碳服务4种生态系统服务作为目标节点。利用ArcGIS软件对数据进行离散化处理，划分5种数据状态，进行样本训练得到所有节点的条件概率表。通过Netica软件对4个目标节点进行准确性测试，利用误差矩阵评估模型精度，验证模型的准确性。最后，设定4种不同的权衡与协同情景，通过贝叶斯网络的概率推理，确定影响生态系统服务的权衡与协同关系的关键驱动因子，并使用Netica的敏感性分析，评估各影响因子节点对生态系统服务节点的相对重要性大小。

研究结果显示，土壤保持、产水服务和固碳服务之间存在协同关系，而粮食供给与其他3项服务呈现权衡关系。进一步的情景分析表明，土地利用、降水和NPP是影响生态系统服务的权衡与协同关系的主要驱动因子，土地利用主要影响协同关系，降水和NPP对权衡关系有一定制约作用。

本章参考文献

[1]李双成，张才玉，刘金龙，等. 生态系统服务权衡与协同研究进展及地理学研究议题[J]. 地理研究，2013，32(8)：1379-1390.

[2] ASSESMENT M E, JAARSVELD A V. Ecosystems and human well-being: biodiversity synthesis[J]. World Resources Institude, 2005, 42(1): 77-101.

[3]ZHENG H, WANG L J, WU T. Coordinating ecosystem service trade-offs to achieve win-win outcomes: A review of the approaches[J]. Journal of Environmental Sciences, 2019, 82(8): 103-112.

[4]ARYAL K, MARASENI T, APAN A. How much do we know about trade-offs in ecosystem services? A systematic review of empirical research observations[J]. Science of The Total Environment, 2022, 806: 151229.

[5]RODRIGUES J P, BEARD T D, BENNETT E M, et al. Trade-offs across space, time, and ecosystem services[J]. Ecology and society, 2006, 11(1): 28.

[6]张碧天，闵庆文，焦雯珺，等. 生态系统服务权衡研究进展[J]. 生态学报，2021，41(14)：5517-5532.

[7]吴柏秋，王军邦，齐述华，等. 生态系统服务权衡量化方法综述及未来模型发展（英文）[J]. Journal of Resources and Ecology, 2019, 10(2): 225-233.

[8]白婷婷，徐栋，武少腾. 生态系统服务时空交互特征及其驱动力：以海南岛为例[J].

中国环境科学,2023,43(11):5961-5973.
[9]荔童，梁小英，张杰，等. 基于贝叶斯网络的生态系统服务权衡协同关系及其驱动因子分析:以陕北黄土高原为例[J]. 生态学报，2023，43(16)：6758-6771.

第九章　生态系统服务簇

第一节　生态系统服务簇概述

一、产生背景：生态系统服务之间的关联与协同

通过将生态功能和社会利益联系起来，生态系统服务概念已经成为可持续性决策的组成部分。然而，人们还不了解多种生态系统服务如何在复杂多变的环境中相互作用。澄清这些相互作用对于全面了解不同政策和管理方案对异质景观的影响至关重要。

在这种背景下，关于生态系统服务之间关联的研究在科学界越来越受到关注。进一步区分特定生态系统服务跨空间和时间的一致关联越来越具有必要性，识别和分析这些一致的关联（通常被称为簇），已经成为评估和可视化生态系统服务之间相互关系的综合方法。

Raudsepp-Hearne 提出了生态系统服务簇（ecosystem service bundles）的概念。生态系统服务簇识别结果反映了多生态系统服务之间的组合关系与组合内的结构特征，也在一定程度上反映了这一组合背后所对应的相似生态本底及社会经济条件。通过对生态系统服务簇结果的分析，不仅可以更好地了解多生态系统服务关系，还可以通过对不同生态系统服务簇特点及其所对应的人地耦合关系的分析，来对现实决策与管理做出更为明确的指导与支持，从而推动生态系统更好地发挥作用。

二、簇的概念与本质

1. 簇的概念

2007 年，Kareiva 等首次提出“生态系统服务簇”，认为自然可以被视为多种多样的生态系统服务集合。

2010 年，Raudsepp-Hearne 等人在论文 *Ecosystem service bundles for analyzing tradeoffs in diverse landscapes* 中对生态系统服务簇这一概念进行明确，认为其含义可概括为一组在空间或时间上反复出现的生态系统服务，这组服务间往往存在协同效应。

2. 簇的本质

为了能更好、更深刻地理解生态系统服务簇的概念，我们对簇的本质进行了进一步的探索。

（1）簇的研究是将几个不同生态系统服务成组进行的研究。

以往的生态系统服务研究虽然选取了多个不同的生态系统服务，但从研究方法上看

其本质上还是单一生态系统服务的量化与分析，在对多个生态系统服务综合分析时也无法体现多个生态系统服务的特点；而簇的研究是生态系统服务研究的进一步推进，通过对不同簇内多个生态系统服务结构特点与组合关系的表征和分析，真正体现了一组生态系统服务的关系。

（2）簇是研究生态系统服务之间的关联。

需要注意的是，权衡与协同、簇都反映了不同生态系统服务之间的关系，一定程度上推动了对多种生态系统服务的管控，但二者的侧重点不同。权衡与协同研究的重点在于通过相关性分析，用相关性的大小与正负准确表达生态系统服务之间的相关关系；而簇的研究重点则在于生态系统服务组合关系与组合内生态系统服务的结构特点，并通过分区将这一组合关系在空间上体现。因此，二者并不是相互替代的关系，而是相互补充的关系。通过对生态系统服务权衡与协同关系的分析，可以对生态系统服务之间的关系进行准确判定；通过簇的分析，可以推动研究成果进一步与现实规划管理结合。

（3）簇的识别结果反映了地区的生态本底与社会经济条件。

簇的研究解释了多种生态系统服务为何能够在空间或时间上重复出现，并进一步深化了生态系统服务理论的社会-生态价值，丰富了生态系统服务的实践价值，使其更好地实现人类福祉和生态环境的连接。

三、发展历程

1. 国际研究

国际上对于簇的研究总体可以分为以下两个阶段。

第一阶段为概念与方法的探索阶段。这一阶段生态系统服务簇的概念刚被提出，国外学者主要从区域和城市两个尺度进行簇的识别。其研究的重点主要是概念的扩展、研究流程的形成、识别方法的改进。这一阶段主要研究区域内生态功能区划，与其他研究理论和研究问题结合较少。

第二阶段为应用阶段。经过前期的探索，簇的概念与内涵得到了一定的拓展，研究也从供给簇的识别逐步拓展到需求簇与供需簇等，其识别方法、研究流程已经相对固定。在应用研究中，除了生态功能区划的确定，还探讨簇与生态保护、生态修复区确定等现实问题。研究结论也不仅仅局限于簇的识别结果，还注重对识别结果与现实问题结合后的进一步分析和阐述。

2. 国内研究

国内对于簇在理论方面的研讨较少，多应用簇的理论直接研究某一现实问题。目前，国内研究中簇的应用主要集中于区域尺度，采用了现阶段成熟的研究流程，研究结果主要为区域簇的识别和生态功能区划。

四、主要应用

簇的研究主要应用在生态管理、生态评估和生态规划中，特别是在生态管理的政策制定与决策中发挥着重要作用（表9.1）。

表9.1　生态系统服务簇在政策管理中的应用

政策管理	簇的管理应用
发现问题阶段	发现景观中存在的不同簇，确定不同地区面临的社会生态挑战； 根据管理规模，确定生态系统服务管理的责任范围
政策确定阶段	实施同时针对多个生态系统服务的措施； 推动包括生态系统服务在内的综合管理政策的制定
政策评估阶段	显示土地使用政策（栖息地恢复政策、生态修复措施等）对多种生态系统服务的正面或负面影响； 了解受政策影响的利益群体的需求，改进生态系统服务管理政策； 评估人类福祉的变化与生态系统服务的贡献，比较政策实施前后的差别
政策实施阶段	随着时间的推移，观察簇的变化，根据需要调整相关政策

第二节　生态系统服务簇理论与研究方法

一、簇的识别方法

1. 簇的识别流程

簇的研究时间虽然不长，但经过快速的发展已经形成了一套较为固定的流程，具体如下。

（1）根据研究区域的生态问题或者发展需求，选择研究区域典型生态系统服务及合适的生态系统服务量化方法，并确定簇识别的具体内容。

（2）研究区域典型生态系统服务的量化计算。

（3）生态系统服务权衡与协同关系的分析，以此初步判定生态系统服务成组情况。

（4）依据研究目标与研究需求使用聚类这一方法进行生态系统服务簇的识别和划分，根据不同簇的特点提出有针对性的管控或规划的建议。

2. 识别簇的核心方法：聚类分析

簇的识别通过聚类实现，聚类这一方法确保了簇识别过程中可以保留空间单元生态系统服务特征，反映簇内生态系统服务结构。

（1）聚类的概念。

聚类（clustering）原本是统计学上的概念，现在属于机器学习中非监督学习的范畴。聚类是一种寻找数据之间内在结构的技术，将物理或抽象对象的集合分成由类似的对象组成的多个类的过程被称为聚类。聚类的过程本质上是根据某种相似性进行抽象的过程。聚类把全体数据实例组织成一些相似组，而这些相似组被称作簇。处于相同簇中的数据实例彼此相同，处于不同簇中的实例彼此不同。数据之间的相似性是通过定义一个距离或者相似性系数来判别的。

(2)聚类与分类的不同。

聚类技术通常又被称为非监督学习,而分类则为监督学习,与分类不同的是,聚类的结果没有表示数据类别的分类或者分组信息。在进行分类之前,我们事先已经有了一套数据划分标准,只需要严格按照标准进行数据分组就可以了;而聚类则不同,我们并不知道具体的划分标准,要靠算法判断数据之间的相似性,把相似的数据放在一起。在聚类的结论出来之前,我们完全不知道每一类有什么特点,一定要根据聚类的结果通过经验来分析。因此,聚类最关键的工作不是确定如何分类,而是探索、挖掘数据中的潜在差异和联系。

二、生态系统服务簇研究的两种聚类方法:K 均值聚类算法与 SOFM

聚类的方法主要可以分为基于划分的聚类方法、基于层次的聚类方法、基于密度的聚类方法、基于网格的聚类方法、基于模型的聚类方法五大类,但在簇的研究中常用的方法为 K 均值聚类算法以及自组织特征映射网络(SOFM)两种方法。

1. K 均值聚类算法

K 均值聚类算法是最常用的基于欧式距离的聚类算法,其认为两个目标的距离越近,相似度越大。其在聚类的类别数已确定的情况下,能够快速将其他个案归类到相应的类别。K 均值聚类算法的核心思想是将数据划分为 K 个独立的簇,使得每个簇内的数据点距离尽可能小,而簇与簇之间的距离尽可能大。

聚类分析步骤如下。

(1)初始化:选择 K 个数据点作为初始质心(centroid),这些质心可以是随机选择的,也可以是通过其他方法选定的。

(2)分配:将每个数据点分配到离它最近的质心所代表的簇中。

(3)更新:重新计算每个簇的质心,方法是将簇内所有数据点的均值作为新的质心。

(4)重复步骤(2)和(3),直到质心不再发生显著变化或达到迭代次数上限。

2. SOFM

SOFM 通过学习输入空间中的数据,生成一个低维、离散的映射,从某种程度上也可看成一种降维算法。SOFM 与其他人工神经网络的不同之处在于,它使用一个邻近函数来保持输入控件的拓扑性质。

在长时间对人类神经系统及人脑的研究学习中,人们逐渐发现,在大脑内部神经系统的某个区域会对某一种类别的信息特别敏感。例如,某一区域对抽象思维比较敏感,而另一部分则对逻辑思维比较敏感。在大脑神经系统处理感觉和信息的过程中,对于各个神经元末梢获取的数据进行聚类是十分重要的。大脑通过对信息和感觉的聚类过程来认识外界的输入信号,并产生自组织过程。基于大脑对信息的处理过程,SOFM 被提出。

SOFM 共有两层,输入层各神经元通过权向量将外界信息汇集到输出层(竞争层)的各神经元。输入层的形式与前馈神经网络相同,节点数与样本维数相等。输出层也是竞争层,神经元的排列有多种形式,如一维线阵、二维平面阵和三维栅格阵。

SOFM 进行簇的识别分为初始化过程、竞争过程、迭代过程 3 个步骤。

三、簇的结构特征分析与生态分区管理

生态系统服务簇通过聚类分析来实现。根据聚类分析的无监督特点,聚类结果中每一类的分类标准与结果具有的特点是未知的,因此对于簇的分类结果解读和簇的结构特征分析不仅十分重要,而且十分必要。通常需要结合自然本底情况与社会发展情况对簇的识别结果进行分析。下面分别说明生态系统服务簇研究在区域尺度和城市尺度最有代表性的成果,即生态功能区划和生态分区管理。

1. 供给簇分析:区域尺度的生态功能区划

当前簇的研究主要集中在区域尺度,并以生态供给簇的研究为主。生态供给簇的研究侧重生态自然条件的本底分析,在这一角度,簇的研究通常用于进行区域尺度的生态功能区划。

生态功能区划是在分析生态系统特征和生态系统服务规律等生态本底条件的基础上,根据其空间异质特征将区域划分为不同生态功能区的过程,其本质为生态系统服务区划。生态功能区划不仅为妥善保护或利用生态环境提供了必要的基础,更是指导城市发展和规划管控策略制订的重要科学依据。以生态系统可持续发展为目标,基于不同的生态系统模式和生态系统服务供给特征,相应的生态功能分区应当采取差异化的管控和有针对性的保护策略,因此合理的生态功能分区将对区域生态文明建设提供有效指导。

在刘颂等的研究中,以嘉兴市为例从生态系统服务供给角度进行了生态系统服务簇的识别与生态功能区划,最终将嘉兴市分为高服务生态平衡区、生态游憩水源区、农业生产储备区、城市生态脆弱区、生境源地保育区 5 个分区,并依据簇的空间分布与自然本底特点对规划提出建议。

以高服务生态平衡区为例,研究首先明确了簇内的主要生态系统服务,即高服务生态平衡区实现了食物生产、气体调节、维持养分等多项生态系统服务的高效均衡供给,除水资源供给和土壤保持服务外基本实现生态盈余。之后,研究明确了簇的空间分布与生态本底特点,并以此为基础对簇内生态系统服务的结构特征的形成原因进行了探索,即该类簇分布于嘉兴中心城区、海盐中心城区,可见嘉兴市城区规划较好地考虑了生态系统服务协同供给,在城市发展过程中仍维持了较高的绿色基础设施比例,区域内联通的城市公园、郊野河湖湿地和绿地承担了较大比例的服务供给,功能结构相对完善,如嘉兴中心城区的南湖风景名胜区及其串联的公园绿地体系具有丰富的湿地与河湖资源,提供了复合的生态效益。从热点分析可见,嘉兴中心城区、海盐中心城区也是多项服务的高值热点区域,再次明确了该类空间具备相对均衡的生态效益。然而,大面积的公园绿地和耕地可能导致该类空间耗水量大、土壤保持困难,因此该类空间具备极低的水资源供给服务和相对较低的土壤保持服务。

基于以上分析,研究提出了对该类区域的规划与管理建议,即对于该类空间应当实施以绿色发展为导向,在保证现有绿地系统服务供给的同时需要在城区建设过程中关注效益短板,在考虑土地利用性质可调整的前提下适当增补林地面积以保证复合生态系统服务的高效持续供给,同时加强水系的连通性,贯通河道并加强对水系的规划管理,形成更加复合的水绿体系,通过多样手段实现水资源供给、水文调节以及净化环境等生态系统服

务的提升。

2. 需求簇分析:城市尺度的生态分区管理

城市尺度的生态系统服务簇研究引起学术界越来越多的关注。城市生态系统服务簇的研究重点是从需求的视角展开研究的。结合社会经济条件进行分析,即着重从生态系统服务的需求角度进行分析,簇的研究通常用于指导城市尺度的绿色基础设施管理。

城市绿色基础设施(urban green infrastructure, UGI)具有提供水资源供给、雨洪管理、气候调节和休闲游憩等多种生态系统服务的重要功能。随着城市的发展,人们对 UGI 提供的生态系统服务需求越来越大。量化并明确生态系统服务需求的空间格局,识别、审视服务保护优化的优先区域和差异性,对科学管理 UGI 和提高人类福祉具有重要作用。

许超等的研究以澳门为例,从生态系统服务需求角度对生态系统服务进行了簇的识别,把研究区域分为 5 个分区,首先以区域内生态系统服务需求为导向,对各个分区的城市生态系统服务管控提出了建议,然后从资源稀缺条件下的 UGI 建设、基于功能优化的 UGI 更新、城市发展背景下的 UGI 保护、UGI 的社会公平性改善 4 个角度对 5 个分区提出管理策略。

以第二分区群为例,研究首先明确了分区内生态系统服务的需求情况,即对热岛调节、雨洪调节、噪声消减、休闲游憩服务需求较少,但对景观美学服务需求较高,然后结合影响每种生态系统服务的自然与社会因素对第二分区群的 UGI 提出建议,即优先增加观赏型 UGI,注重公共空间植物群落搭配,增加灌木种类,降低乔木覆盖度,丰富色彩搭配,改善分区内的景观美学需求。

四、簇的驱动因素与影响机制

目前已有的研究已经证明生态系统服务簇的形成与景观特征、社会经济条件以及政策因素有关。

1. 景观特征

景观特征,特别是土地利用和配置,是影响生态系统服务簇的一个主要因素。就土地利用而言,森林覆盖情况往往是影响供给簇的决定因素。就组成和配置而言,景观复杂性是生态系统服务之间关系形成的重要因素,因此也是簇形成的主要因素。

此外,城乡分布关系也塑造了某一特定的供给簇。例如,斯德哥尔摩地区的一项研究发现,距离市中心的距离会很大程度上影响簇的功能;在丹麦,城市周边景观有成为文化服务供给的重要区域,这导致多功能簇这一类型广泛分布于大城市周围。

景观的特征可以作为某些捆绑类型的驱动因素。例如,在德国和丹麦,海岸地区被发现是文化服务簇形成的地区,这主要归功于海洋的风景美。在长江流域进行的研究发现,坡度和海拔梯度至少可以部分解释生态系统服务簇的形成:供给服务簇集中在平坦地区,那里有密集的农田、湿地,而调节服务和高水平的生物多样性往往分布在森林覆盖率高的山区。

2. 社会经济条件

在供给簇层面,研究表明,在解释 12 种生态系统服务的差异方面,社会经济驱动因素的贡献大于自然禀赋。从需求簇的视角来分析,社会经济因素是生态系统服务簇形成的核心决定要素。收入、教育、职业等因素是影响生态系统服务需求的重要因素,也会对生态系统服务需求簇的形成产生重大影响。

3. 政策因素

除了景观特征和社会经济条件因素外,一些研究发现,政策,特别是生态保护政策和农业发展政策,可以对簇的形成产生影响。例如,魁北克市政府提供的一揽子服务的历史变化表明,农业政策在一系列服务结构中起到重大的潜在作用;生态保护区的管理与分布对于以调节服务簇为主成分的簇的形成起到关键作用。

第三节　生态系统服务簇案例研究

一、簇的识别:嘉兴市生态功能区划①

生态功能区划是在分析生态系统特征和生态系统服务规律等生态本底条件的基础上,根据其空间异质特征将区域划分为不同生态功能区的过程,其本质为生态系统服务区划。目前生态功能区划的多数研究忽视了生态系统服务间的权衡关系,因此难以有针对性地提出各生态功能区划的管控策略。

生态系统服务簇具备指导空间生态区划、管理及决策的优势。研究表明,明确生态系统服务簇有利于避免以单一生态系统服务提升为目的的盲目决策带来的负面效应,从生态系统服务的整体性质辅助决策者制定高效提升多项生态系统服务的决策。

嘉兴市位于浙江省东北部,作为连通江沪浙三大省市的门户城市,其地理位置相对优越。2013 年浙江省出台了《浙江省生态功能区划》,旨在实现区域生态环境的分区管理,嘉兴市作为浙江省的重点城市,具备进行生态功能区划的紧迫需求。

案例首先采用价值当量法结合动态价值系数修正测算嘉兴市 4 种用地类型的 11 种生态系统服务价值,明确其价值量及空间分布;其次,采用 SPSS 软件对各项生态系统服务价值进行皮尔森相关性分析和 ArcGIS 冷热点分析,探究研究区生态系统服务的权衡与协同关系,以深入理解研究区生态系统服务的供给模式和分布特征;最后,基于 K 均值聚类算法识别生态系统服务簇,以此为依据进行生态功能区划,并综合权衡分析结果以实现区域生态可持续为目的提出各类生态功能区划管理建议。

研究将嘉兴市分为 5 个生态功能区,并提出相应的管控策略。

(1)高服务生态平衡区——补足短板,促进服务协同增益。

(2)生态游憩水源区——保护本底,统筹考虑,适度开发。

(3)农业生产储备区——保证供应,建立复合生态系统。

(4)城市生态脆弱区——恢复增补,调整结构,降低干扰。

(5)生境源地保育区——加强保育,严格管控,限制开发。

---

① 本案例来源于本章参考文献[5]。

二、生态供需簇:齐齐哈尔市主城区生态功能优化①

主城区生态空间紧缺但生态需求多样,多生态系统服务的综合管控对维持城市生态平衡、缓解城市问题具有重要意义,《市级国土空间总体规划编制指南(试行)》也对城市主城区功能优化提出了明确要求。生态系统服务簇识别结果反映了多生态系统服务之间的组合关系与结构特征,也反映了这一组合背后所对应的相似生态本底以及社会经济条件。通过对生态系统服务供需簇的分析,定位生态功能供需失衡地区,判别功能失衡类型,优化城市生态结构,改造生态问题严重区域。

本书选择齐齐哈尔市主城区生态功能优化案例,将生态系统服务需求评估与分析纳入现存生态系统服务簇流程,结合生态系统服务供需匹配的分析,对城区尺度生态功能优化进行研究。城市生态功能优化包括 3 个部分:确定优化目标与导向、明确优化区域与范围、制订优化策略与方法。研究根据齐齐哈尔市主城区生态本底情况、生态问题严重程度与规划发展需求选择了 5 项典型生态系统服务。首先使用当量因子法与综合指标法分别对生态系统服务供给与需求进行量化;其次采用 Pearson 相关性分析对生态系统服务供给、需求及供需间权衡与协同关系进行探索;最后计算生态系统服务供需比,据此确定优化导向,并使用供需比的结果进行供需簇的识别,明确优化区域与范围,依据每个簇内多种生态系统服务供需特点与供需结构关系对识别结果进行分析,制订优化策略与方法,对齐齐哈尔市主城区生态功能实现系统性管控与综合优化。

基于供需比进行供需簇识别,根据供需簇识别结果与区域情况将齐齐哈尔市主城区分为生态功能数量提升区、生态功能质量保障区两大类,以及城市生态脆弱区、海绵城市提升区、文化遗产保护区、城市发展潜力区、都市农业发展区、生态游憩水源区、生态景观保护区七小类生态功能优化分区,并提出针对性生态功能优化建议。

三、簇的驱动因素:京津冀大清河流域的生态格局演化②

近几年,越来越多的学者利用生态系统服务簇来识别多种生态系统服务的聚集模式,以达到同时管理多种生态系统服务的目的,但是大部分的研究只集中在单一时间点上对生态系统服务簇进行绘制,而对于生态系统服务簇的时间变化特征以及引起生态系统服务簇格局变化的驱动因素尚不明确。

大清河流域是京津冀地区重要的经济发展区和粮食生产区,也是白洋淀和雄安新区的所在地。2000 年以来,随着区域生态恢复工程的实施和城市化进程的加快,流域内人类活动干扰持续增强。流域内面临着水资源短缺、水质恶化、耕地面积下降等生态环境问题,随着经济发展及城市化进程,区域人地矛盾加剧。

首先,研究选择水资源供给服务、粮食供给服务、水源涵养服务、水质净化服务、土壤保持服务、固碳服务 6 种生态系统服务作为研究区典型生态系统服务,并采用 InVEST 模

---

① 孟欣宇,吴远翔. 城市生态系统服务供需簇与生态功能管控——以齐齐哈尔市中心城区为例[J]. 应用生态学报,2023,34(12):3393-3403.

② 本案例来源于本章参考文献[7]。

型对2000年与2015年的6种生态系统服务进行量化。其次,通过空间自相关分析确定各生态系统服务的空间相关关系,并绘制归一化后的生态系统服务的空间格局。再次,使用围绕中心点划分(partitioning around medoids,PAM)的聚类分析方法对6种生态系统服务进行聚类分析,确定了生态调节服务簇、农产品供给服务簇和人居环境簇3种生态系统服务簇。最后,选取3类12项驱动因子,包括:①初始属性因子:初始年份的水资源供给服务、粮食供给服务、调节服务、坡度、高程、距离道路距离;②土地利用变化因子:林地比例(proportion of forest land, PF)变化、草地比例(proportion of grassland,PG)变化、建设用地比例(proportion of built-up land,PB)变化、农田比例(proportion of cropland,PC)变化;③社会经济因子:人口密度变化、国内生产总值变化。对其进行相关性分析后,通过生态排序分析软件(Canoco5)进行冗余分析(redundancy analysis,RDA),确定驱动生态系统服务簇时空格局变化的主要因素。

本章参考文献

[1]SAIDI N, SPRAY C. Ecosystem services bundles: challenges and opportunities for implementation and further research[J]. Environment Research Letters, 2018, 13(11):113001.

[2]RAUDSEPP H C, PETERSON G D, BENNETT E M. Ecosystem service bundles for analyzing tradeoffs in diverse landscapes[J]. Proceedings of the National Academy of Sciences, 2010, 107(11): 5242-5247.

[3]SPAKE R, LASSEUR R, CROUZAT E, et al. Unpacking ecosystem service bundles: towards predictive mapping of synergies and trade-offs between ecosystem services[J]. Global Environmental Change, 2017, 47: 37-50.

[4]LIU Z, HUANG Q, ZHOU Y, et al. Spatial identification of restored priority areas based on ecosystem service bundles and urbanization effects in a megalopolis area[J]. Journal of Environmental Management, 2022, 308: 114627.

[5]刘颂, 谌诺君, 董宇翔. 基于生态系统服务簇的生态功能区划及管控策略研究:以嘉兴市为例[J]. 园林, 2022, 39(3): 21-29.

[6]许超, 孟楠, 逯非, 等. 生态系统服务需求视角下的澳门城市绿色基础设施管理研究[J]. 中国园林, 2020, 36(9):104-109.

[7]潘莹, 郑华, 易齐涛, 等. 流域生态系统服务簇变化及影响因素:以大清河流域为例[J]. 生态学报, 2021, 41(13): 5204-5213.

附　　录

生态系统服务作为多学科共同关注的热点领域，其研究近年来呈现爆发式增长的态势。近年来(特别是2014年以后)，各学科陆续发表一大批研究成果，图书合计50余册。为方便读者进行比较、筛选，本书对于已出版图书进行分类与概略介绍，列表如下。

附录 1　生态系统服务主题图书分类表

书名	作者	出版单位	年份	页数	摘要	研究内容	研究对象	备注
中国湖沼湿地生态系统服务及其评价	崔丽娟,马牧源,张曼胤	中国林业出版社	2021	281	本书构建了湖沼湿地生态服务评价去重复性计算的理论框架和概念模型,定量描述和评估了典型湖沼湿地生态服务价值及驱动因素,并通过整合分析法进行尺度上推,对我国湖沼湿地生态服务价值进行了核算	分类、价值评估	湖沼湿地	
土地利用变化与生态系统服务权衡	马彩虹	科学出版社	2018	206	生态系统服务之间的协同与权衡作用在全球具有普遍性和明显的差异性。本书以陕西省榆林市、渭南市和安康市为主要研究区域,定量评估不同生态系统服务之间的权衡协同关系	价值变化、权衡协同	土地利用变化	
长三角地区土地利用变化的生态系统服务响应与可持续管理研究	吴蒙	上海社会科学院出版社	2020	221	从生态系统服务脆弱性、供需平衡和空间权衡角度,系统分析生态系统服务对土地利用变化的响应,构建了基于系统动力学模型和CLUE-S模型耦合的研究方法,通过生态系统服务时空尺度上的可持续性情景模拟,探讨将生态系统服务保护与区域土地利用规划管理相结合的具体路径	空间权衡格局、供需时空动态	长三角地区土地利用变化	

书名	作者	出版单位	年份	页数	摘要	研究内容	研究对象	备注
贵州省森林生态连清监测网络构建与生态系统服务功能研究	丁访军,周华,吴鹏,刘延惠,戴晓勇,宋林,王华,王兵	中国林业出版社	2020	212	本书较系统地介绍了贵州省自然资源及地理概况,森林生态系统服务质量、价值量,并对其对社会经济环境的综合影响进行了分析,为生态文明建设提供了有益参考	价值量化评估	贵州省森林生态系统	
生态系统服务价值计量方法与应用	赵海凤,徐明	中国林业出版社	2016	196	本书共分为生态系统服务价值的理论与方法和应用案例——四川省森林生态系统服务价值计量研究两部分。主要内容包括:生态系统服务概述、生态系统服务价值的内涵及相关理论、生态系统服务价值计量方法及应用模型等	价值量化评估	四川省森林生态系统	
辽宁省生态公益林资源及其生态系统服务动态监测与评估	王兵	中国林业出版社	2018	194	本书充分反映了辽宁省生态公益林的生态服务功能,准确量化了森林生态系统服务功能的物质量和价值量,真实反映了林业的地位与作用、林业发展与成就,为森林生态连清提供有效的数据支撑	价值量化评估	辽宁省森林生态系统	

书名	作者	出版单位	年份	页数	摘要	研究内容	研究对象	备注
干旱区生态系统服务与景观格局集成模拟	梁友嘉，刘丽珺，黄解军	科学出版社	2017	189	本书构建了生态系统服务与土地景观格局变化的耦合建模框架和空间显式的动态模拟方法，并以干旱区多个典型区为例，开展不同类型的生态系统服务过程模拟、土地利用过程模拟、生态系统服务制图和情景预测等案例研究	景观格局耦合、空间制图、价值评估	干旱区生态系统	
关中-天水经济区生态系统服务研究	李晶，周自翔	科学出版社	2017	378	本书以关中-天水经济区为例，对其生态系统服务进行研究。内容包括：生态系统服务理论、土地景观异质性与尺度效应、生态系统服务功能时空演变、生态系统服务驱动力分析、碳储量价值和土地碳汇影子价格、生态系统服务与城市化耦合关系、生态系统服务权衡与协同、基于 SolVES 模型的文化服务水平估算等	景观格局、量化评估、权衡协同、固碳服务供需与空间流动	经济区	
森林生态系统服务功能及其补偿研究：以马尾松为例	吴强	中国农业出版社	2018	187	本书在湖南、广西两地 7 个纬度梯度上选取 84 块标准地，基于森林生态学和经济学两个视角，开展马尾松林的生态系统服务功能的实物量与价值量研究，深入探讨森林经营、森林生态系统服务功能、森林补偿的有效耦合机制	价值评估、生态补偿	马尾松林生态系统	

书名	作者	出版单位	年份	页数	摘要	研究内容	研究对象	备注
青海省生态系统服务价值评估研究	唐小平	中国林业出版社	2016	462	本书评估了青海省各类生态系统的服务功能和价值以及各类重大生态工程的生态效益，为更好地发挥青海生态系统服务功能起到了重要参考价值	分类、价值评估	青海省生态系统	
北京市绿色空间及其生态系统服务	张彪	中国环境科学出版社	2016	197	本书清晰揭示了北京市重要生态系统服务的分布规律和供给特征，介绍了北京市绿化资源重要生态系统服务评估方法的典型案例以及在平谷区的应用实践	量化评估	北京市绿地空间	
四川南河国家湿地公园生态系统服务价值评估	彭培好	西南交通大学出版社	2017	202	本书系统地总结了生态系统、湿地生态系统、湿地公园的生态服务价值评估研究现状及进展，并开展了四川南河国家湿地公园生态系统服务价值评估研究	分类、价值评估	四川南河国家湿地公园	
北京湾过渡带生态系统服务及其关系	陈龙，刘春兰，刘晓娜，裴厦，乔青	中国水利水电出版社	2021	165	本书对北京市浅山区的 9 种服务进行量化评估，并对其权衡协同效应进行研究，分析区域内主要环境影响因子及其影响机制。此外，针对不同利益相关者开展问卷调查，获取生态系统服务需求。最后依据模拟的供给成果和调查获取的服务需求，提出生态系统服务供给的最优管理策略	权衡协同、需求测量	北京湾过渡带生态系统	

书名	作者	出版单位	年份	页数	摘要	研究内容	研究对象	备注
城市生态系统服务功能与价值分析及调控对策研究	李志刚，钟佳龙，孙子舒	四川科学技术出版社	2021	200	本书对城市生态系统服务空间所承载的生态服务功能和价值进行评估，分析各服务之间的权衡与协同关系及其在空间上的变化规律和分布特征，研究其空间格局优化、生态功能提升的路径和对策	价值评估、权衡协同	城市生态系统	
新疆大喀纳斯旅游区生态系统服务价值评估与消耗研究	姚娟	中国农业出版社	2016	213	本书内容涉及大喀纳斯旅游区生态系统服务价值评估研究、大喀纳斯旅游区湖泊-河流及森林生态系统服务价值评估等	价值评估、服务消耗（需求）	旅游区生态系统	
洞庭湖生态系统服务功能研究	赵运林，董萌	湖南大学出版社	2014	135	本书论述了洞庭湖生态系统服务功能的内容和内涵，重点探讨了其生态功能价值的外在体现形式及可持续发展模式；深入分析了影响洞庭湖生态系统服务功能的多方面因素，系统研究了洞庭湖生态补偿机制的构建方案	价值评估、生态补偿	洞庭湖生态系统	

书名	作者	出版单位	年份	页数	摘要	研究内容	研究对象	备注
基于空间尺度的土地利用/覆盖变化与生态系统服务	张宇硕，吴殿廷	东南大学出版社	2021	137	本书从空间尺度视角切入，阐述了土地利用覆盖变化与生态系统服务的关系。探析了不同尺度下土地利用覆盖格局与时空变化特征、生态系统服务格局与时空变化特征、生态系统服务权衡关系，揭示了土地、社会、经济、政策等因素及其变化对生态系统服务的综合影响	格局变化、权衡协同	土地利用覆盖变化	
自然保护区生态系统服务评估体系及案例研究	陈艳梅	科学出版社	2014	174	本书在总结国内外生态系统服务理论和相关研究成果的基础上，结合自然保护区发展历程和自然保护理念发展变迁，对自然保护区生态系统服务及其价值进行重新认识	价值评估	自然保护区生态系统	
辽宁省森林、湿地、草地生态系统服务功能评估	王兵，迟功德，董泽生，张士利，许庭毓，詹劲昱，牛香	中国林业出版社	2020	203	本书在探讨辽宁省森林、湿地、草地生态系统服务功能的内涵、作用机理、价值分类及评估方法的基础上，从物质量与价值量的角度出发，采用影子工程法、机会成本法、市场价值法等方法估算了太岳山森林生态系统服务功能的价值	价值评估	辽宁省森林、湿地、草地生态系统	

书名	作者	出版单位	年份	页数	摘要	研究内容	研究对象	备注
生态系统服务的测量、模拟和评估:生物多样性重点地区、世界自然遗产地和保护地指南	(美)瑞秋・纽加滕(Rachel Neugarten)编著;孙晨曦,韩子叻译	海洋出版社	2019	132	该指南涉及专业从业者之间的合作,致力于将该领域的最新想法付诸实施,并从全国际自然保护联盟中汲取不同的经验和建议。旨在公平和可持续地管理保护地系统,并应对实践中面临的各种挑战	价值评估	国际自然保护地	指南
面向生态系统服务的北京中心地区水系廊道研究	薛飞	中国建筑工业出版社	2020	247	本书从生态系统服务的视角,通过风景园林学的研究与实践,对北京中心地区水系廊道的自然生态空间进行供给评价和需求调研,为有效的保护、修复、恢复、建设和发展提供借鉴	供给评估、需求调研	北京中心地区水系廊道	强调生态系统服务与风景园林学的关系与融合
城市森林生态系统服务价值评估研究:以上海(2013年度)为例	郝瑞军,张桂莲	中国林业出版社	2021	140	本书系统评述了城市森林生态系统服务评估的理论基础、方法体系和国内外相关实践,以2013年度为例,详细介绍了上海城市森林生态系统服务价值评估的指标体系、计算方法和评估结果	价值评估	城市森林生态系统	

书名	作者	出版单位	年份	页数	摘要	研究内容	研究对象	备注
水库大坝建设的经济价值与经济损失评价：基于生态系统服务视角	肖建红，王敏	中国社会科学出版社	2014	247	本书运用直接市场法、替代市场法、模拟市场法等资源环境经济价值方法和生态供给足迹（经济价值）与生态需求足迹（经济损失）方法，分别从全国和区域尺度，定量评价了我国水库大坝建设的经济价值与损失，并提出了6种三峡工程建设的生态补偿标准方案和生态补偿实施方案	价值评估、生态补偿	水库大坝	
山西省森林生态连清与生态系统服务研究	孙拖焕	中国林业出版社	2019	142	本书根据国际森林资源清查发展及我国森林资源清查的需求，详细介绍了山西省森林生态连清体系技术的构建及在我国森林生态系统服务、重点林业生态工程、绿色国民经济核算中的应用	价值评估	山西省森林生态系统	
生态系统服务价值评估与资产负债表编制及管理	张颖	人民日报出版社	2019	242	本书以甘肃省迭部县为例，对2016年森林、草地、湿地、农田等生态系统服务价值进行了核算。研究表明，把自然资源资产核算纳入国民经济核算体系，编制我国的自然资源资产负债表，以全面反映自然资源资产的价值，对弥补现行核算体系的不足具有重要意义	价值评估、管理（权衡协同、生态补偿、保护规划）、资产负债表	甘肃省陆地生态系统	管理部分涉及少，只有几页

书名	作者	出版单位	年份	页数	摘要	研究内容	研究对象	备注
生态系统服务功能价值评估的理论、方法与应用	李文华	中国人民大学出版社	2008	365	本书全面阐述了生态系统服务功能价值评估的理论基础、基本方法与存在问题，推荐了较为适用的生态系统服务功能评估方法体系，并重点对森林、草地、农田、湿地等主要陆地生态系统的服务功能进行了分析和评估	价值评估	森林、农田、草地、湿地生态系统	
中国生态系统服务与管理战略	陈宜瑜	中国环境科学出版社	2011	166	本书界定了生态系统服务与管理的基本概念与内涵，评估了中国生态系统及其管理现状，系统分析了国内外案例研究的经验与未来变化情景，在此基础上提出了推进中国生态系统管理、提高生态系统服务能力的政策建议	现状及如何管理	国土尺度的生态系统	
淄博市原山林场森林生态系统服务功能及价值研究	孙建博，周霄羽，王兵，宋庆丰，高玉红	中国林业出版社	2020	160	本书探讨了森林生态系统服务功能的内涵、作用机理、价值分类及评估方法，从物质量与价值量的角度出发，采用影子工程法、机会成本法、市场价值法等方法估算了太岳山森林生态系统服务功能的价值	价值评估	原山林场森林生态系统	

书名	作者	出版单位	年份	页数	摘要	研究内容	研究对象	备注
森林生态系统服务价值与补偿耦合研究	李坦	科学出版社	2019	130	本书以生态系统服务价值理论为核心，分析了森林生态系统的社会经济属性，并以延庆区为例，将生态系统服务价值与现有的生态补偿标准进行耦合与预测，提出以森林生态系统服务价值评估为基础的补偿标准制定的对策	价值评估，生态补偿	森林生态系统	
喀斯特生态系统服务优化模拟与时空归因	高江波，李敏，杨逢渤	科学出版社	2019	191	本书聚焦于人地关系系统、生态系统服务领域中的结构–过程–功能–服务–福祉这一集成研究框架，全面反映了人地系统的内涵。涉及土地利用覆被的时空变异、生态系统服务的优化模拟与驱动机制、多服务权衡协同关系等内容	权衡协同	喀斯特生态系统	
生态系统服务价值评估技术比较研究	魏同洋	中国农业科学技术出版社	2019	178	本书对国内外的生态系统服务价值评估技术进行了梳理与总结；采用当量因子法对修水流域上游进行生态系统服务估值；对不同评估技术进行比较	价值评估方法	江西省修水流域	价值评估方法比较

书名	作者	出版单位	年份	页数	摘要	研究内容	研究对象	备注
新疆湿地生态系统服务功能评价	蔡新斌	中国林业出版社	2018	145	本书估算了新疆湿地生态系统服务功能价值，将湿地生态系统带给新疆社会发展的贡献直观化、货币化，以提高人们的保护意识和合理开发意识，为今后新疆湿地资源的科学管理及可持续发展、有效补偿提供借鉴	价值评估	新疆湿地生态系统	
生态系统服务功能辨识与评价	战金艳	中国环境科学出版社	2011	228	本书系统分析了生态系统服务功能的研究进展与趋势，对陆地生态系统服务及其价值评估，退化环境价值核算的理论、方法及其应用，生态系统服务核心功能的辨识与分区进行了探索性的研究	价值评估、空间聚类与分区	各类型生态系统	
生态系统服务功能研究	李文华，欧阳志云，赵景柱	气象出版社	2002	259	本书主要对生态系统服务相关理论及价值评估展开深入的分析讨论	价值评估	各类型生态系统	综述
北京山区果园生态系统服务功能及经济价值评估	田志会	气象出版社	2012	227	本书系统研究了北京市平谷区果园生态系统的服务功能，并对其各项服务功能的经济价值进行了定量评估，此项研究成果可为北京山区果树产业及山区的可持续发展提供科学的理论依据	价值评估	果园生态系统	

书名	作者	出版单位	年份	页数	摘要	研究内容	研究对象	备注
城市绿地生态系统服务功能研究	韩依纹	中国建筑工业出版社	2018	128	本书基于城市绿地生态系统服务理论发展、评估原理及其技术手段的归纳总结，对绿地所承载的主要生态服务功能及价值进行分析研究。在时空视角下分析其景观格局变化特征、固碳功能和“核心”生境质量的空间转换特点及其驱动力	价值评估	城市绿地生态系统	
基于森林资源状态的森林生态系统服务功能评价	陈存根	中国林业出版社	2018	178	本书主要内容有森林生态效益及其评价的内涵与方法、森林生态价值分布规律、森林生态系统服务功能评价、森林生态系统的健康经营途径等，为建立国家可持续发展的生态环境经济综合核算体系提供条件	价值评估	森林生态系统	
生态系统服务管理与生态空间格局优化研究	王敏，王卿，谭娟	中国环境出版集团	2018	132	本书以特大型城市——上海市为例，系统分析了城市化过程中生态系统格局及其演变特征，开展了服务功能重要性评价，识别出重要生态空间，探讨了服务供给、需求与权衡，形成了现状保护方案和未来生态空间格局的优化方案	供给、需求、权衡	城市生态系统	

书名	作者	出版单位	年份	页数	摘要	研究内容	研究对象	备注
景观格局变化与生态系统服务	范钦栋	科学出版社	2017	180	本书以郑汴一体化区域为例，阐述了景观格局变化及生态系统服务的响应关系；在生态系统服务研究的基础上给出了研究区生态系统服务管理的具体建议	景观格局变化、价值评估、服务之间的关系研究	城市群	
内蒙古大兴安岭重点国有林管理局森林与湿地生态系统服务功能研究与价值评估	王兵等	中国林业出版社	2019	210	本书从森林生态系统服务评估、生态补偿、资产负债表和基于大数据物联网支持系统等方面研究了内蒙古大兴安岭重点国有林管理局森林与湿地生态系统服务功能研究与价值	价值评估、生态补偿	森林、湿地生态系统	
典型人类活动对海洋生态系统服务影响评估与生态补偿研究	郑伟，王宗灵，石洪华	海洋出版社	2011	146	本书界定了海洋生态系统服务的内涵，并研究了海洋生态系统服务的形成机制；探讨了海洋生态系统的资产属性、生态系统服务与人类福利之间的关系，介绍了生态系统服务价值的经济学计量方法	价值评估、生态补偿	海洋生态系统	
基于生态系统服务非市场价值评估的流域生态补偿	史恒通	九州出版社	2018	156	本书基于外部性理论与公共产品选择理论等经济学原理，运用价值评估方法和选择模型法，探索流域生态补偿主客体、标准、模式及方法，为完善我国基于生态系统服务非市场价值评估的流域生态补偿机制提出实现路径及建议	非市场价值评估、生态补偿	流域	

书名	作者	出版单位	年份	页数	摘要	研究内容	研究对象	备注
流域景观格局与生态系统服务时空变化:以甘肃白龙江流域为例	巩杰,谢余初	科学出版社	2018	175	本书开展了流域景观格局与生态系统服务时空变化研究,探讨了流域景观破碎化与生态系统服务的相关关系,进行了流域生态系统服务权衡与协同分析及未来情景模拟,开展了流域生态功能分区,并提出了流域土地利用与生态系统管理的对策和建议	时空变化及权衡协同	流域	
生态系统服务功能价值评估方法研究	刘向华	中国农业出版社	2009	204	本书总结了生态系统服务功能价值评估的理论背景和方法论基础,分析了当前生态系统服务功能价值研究面临的难题和困境,在此基础上结合生态系统服务功能的国内外研究,提出了针对具体生态系统服务功能的价值评估方法体系	价值评估	湿地生态系统	注重经济学原理和基础
区域生态系统质量与生态系统服务评估:以甘肃省为例	潘竟虎,潘发俊	科学出版社	2018	221	本书内容包括甘肃省生态系统胁迫评价、生态资产价值、潜在生态承载力估算、生态补偿标准测度,疏勒河流域景观格局变化、生态系统质量综合评价,以及干旱内陆河流域景观生态风险评价与生态安全格局优化构建,嘉酒地区生态系统服务空间权衡与协同等	价值评估、生态补偿、生态安全、权衡协同	区域生态系统	

书名	作者	出版单位	年份	页数	摘要	研究内容	研究对象	备注
县域生态系统服务价值评估与自然资源资产负债表编制:以景东彝族自治县为例	李俊生,张颖,杜乐山,付梦娣	科学出版社	2018	168	本书提出了生态系统服务价值评估和自然资源资产负债表编制框架与指标体系。在此基础上,核算了景东县全域的生态系统服务价值和森林、草原、耕地、水资源资产,编制了资产负债表,并为景东县推进生态文明建设提出了相关的政策建议	价值评估、资产负债表	县域生态系统	
基于野外台站的典型生态系统服务流量过程研究	裴厦,刘春兰	中国水利水电出版社	2017	148	本书基于野外台站的观测数据,选择典型森林、草地和农田生态系统,分析不同生态系统的碳汇服务、水源涵养、土壤保持、生物多样性保持服务及价值动态变化过程,对比分析同种生态系统服务在不同生态系统类型之间的差异,揭示上述 4 种生态系统服务的形成过程	价值流及变化	各种生态系统	
湿地生态系统服务社会福祉效应研究	魏强	科学出版社	2017	164	本书主要对湿地生态系统的价值进行了分析,并量化评估了其生态服务价值对社会经济的重要作用,体现了湿地生态系统在市场环境中的价值和稀缺性	价值评估	湿地生态系统	

书名	作者	出版单位	年份	页数	摘要	研究内容	研究对象	备注
流域生态系统服务与生态补偿	乔旭宁,杨德刚,杨永菊,唐宏	科学出版社	2016	213	本书基于地理学研究范式和生态经济学研究方法,分析了流域土地利用/覆被变化及与生态系统服务价值的动态关系,初步揭示了流域生态系统服务空间转移的规律性	价值评估、生态补偿	流域生态系统	
新疆森林和湿地生态系统服务功能评估	杨健	中国林业出版社	2016	167	本书主要内容包括新疆森林和湿地资源状况、新疆森林和湿地生态服务功能评估方法、新疆森林生态系统服务功能评估、新疆湿地生态系统服务功能评估等	价值评估	森林、湿地生态系统	
生态系统服务与生态安全	傅伯杰	高等教育出版社	2013	351	本书对生态系统服务的概念原理和主要方法、陆地生态系统过程与服务、土地利用变化与生态系统服务、国家尺度生态系统服务评估、生态系统服务的竞争与权衡和流域生态补偿与生态安全等生态系统服务的关键科学问题进行了探讨	过程与安全	各种生态系统	
生态系统服务地理学	李双成	科学出版社	2014	369	本书内容包括基于福祉和地理学视角的生态系统服务分类、生态系统服务供给与消费的时空格局分析、生态系统服务的空间流动模拟、气候变化与土地利用变化对区域生态系统服务的影响、生态系统服务权衡与协同分析、生态系统服务的分区以及基于生态系统服务研究的管理政策等	分类分区、过程流动、时空权衡与管理、制图与可视化	区域尺度生态系统	综述

书名	作者	出版单位	年份	页数	摘要	研究内容	研究对象	备注
广东森林资源及其生态系统服务功能	任海	中国环境科学出版社	2002	118	本书内容包括森林生态系统健康管理和服务功能、全球变化对森林的影响及其反馈等内容,并通过广东省森林资源及其生态服务功能的研究实例探讨了森林资源管理策略问题	现状与管理	森林生态系统	
生态系统服务价值研究理论、方法及应用	赵晟	兰州大学出版社	2006	156	本书内容包括生态系统结构与功能、生态系统服务的经济(货币)价值、生态系统服务的能值价值、生态系统服务的足迹价值、生态系统服务价值的生态风险研究等	价值评估	区域尺度生态系统	综述
城市社区居家养老生态服务系统研究	张丽艳	上海交通大学出版社	2020	206	本书研究包括3部分:从社会生态系统理论视角对社区居家养老服务供需平衡的核心价值、内在逻辑进行探索以及对养老生态系统要素进行理论解析;社区居家养老服务供需平衡的实证分析;基于社会生态系统理论构建社区居家养老生态服务体系	供需研究	社区养老生态服务	

总结:1. 从书名看,大多以某一特定的研究对象为案例,再结合生态系统服务理论展开应用;系统综述性地介绍生态系统服务的书较少且出版时间较早;
2. 生态系统服务主要涉及的内容是价值评估及应用,有的书专门讲非市场价值法以及各评估方法的比较;
3. 权衡协同有少部分书籍涉及,多为专门的一章,但有些书仅仅只是简单提及;
4. 需求测度也较少,没有系统专门地讲需求这一方面,多结合实例,且以文化服务为主;
5. 没有书籍讲到束与簇、流